低压智能配电综合实训教程

李春来　黄业安　邓大智 编著

U0276820

ZHEJIANG UNIVERSITY PRESS
浙江大学出版社

内容简介

本书为校企合作联合开发低压智能配电综合实训系统的配套教材,是按项目化课程改革要求编写的理论实践一体化教学用书。本书采用模块教学模式,每个模块科学设置了学习目标、工作任务和相关的实践理论知识,适合高职高专培养高技能人才的要求。本书主要介绍低压配电综合实训系统,共包括八个模块,分别为电量测量单元、互感器及变送器、测控单元、无功补偿控制单元、电动机保护单元、PLC控制与变频调速、YD_NET通信管理机实验、电力监控系统。内容贴近现实,体例格式新颖,实用性和创新性强,力求突出表现职业技术教育的特点。

本书可作为高职高专应用电子技术、电气自动化、测控技术、楼宇智能化等相关专业的教材,也可作为工程技术人员的参考书。

图书在版编目 (CIP) 数据

低压智能配电综合实训教程 / 李春来,黄业安,
邓大智编著. —杭州:浙江大学出版社,2014.8(2024.1 重印)
 ISBN 978-7-308-13762-1

 Ⅰ.①低… Ⅱ.①李… ②黄… ③邓… Ⅲ.①低电压
—智能控制—配电系统—高等职业教育—教材 Ⅳ.①TM726.2

 中国版本图书馆 CIP 数据核字(2014)第 191365 号

低压智能配电综合实训教程

李春来　黄业安　邓大智 编著

责任编辑	王元新	
封面设计	林智广告	
出版发行	浙江大学出版社	
	(杭州市天目山路 148 号　邮政编码 310007)	
	(网址:http://www.zjupress.com)	
排　　版	杭州青翊图文设计有限公司	
印　　刷	浙江新华数码印务有限公司	
开　　本	787mm×1092mm　1/16	
印　　张	12.75	
字　　数	303 千	
版 印 次	2014 年 8 月第 1 版　2024 年 1 月第 6 次印刷	
书　　号	ISBN 978-7-308-13762-1	
定　　价	33.00 元	

PREFACE

　　为了培养适合社会需要的高等技术应用型人才,我们于2011年9月成立校企合作领导小组及项目小组联合开发低压智能配电综合实训系统。本系统采用实物展示、贴近现实、理论讲解、动手实训、现场参观等手段;而且软件功能强大,实训设备高度集成,便于维护和实训前的准备循序渐进,反复接触,不断提升学生的实训技能。在研发实训系统的同时,我们编写了配套教材。在行业专家的指导下,我们从职业岗位工作任务分析着手,通过课程分析和知识、能力、素质分析,编写了这本新颖、实用性和创新性强、突出表现职业技术教育特点的教材。本书是按项目化课程改革要求编写的理论实践一体化教学用书,采用模块教学模式,每个模块科学设置了学习目标、工作任务和相关的实践理论知识,适合高职高专培养高技能人才的要求。

　　本书主要介绍低压配电综合实训系统,共包括八个模块,分别为电量测量单元、互感器与变送器、测控单元、无功补偿控制单元、电动机保护单元、PLC控制与变频调速、YD_NET通信管理机实验、电力监控系统;可以作为高职高专应用电子技术、电气自动化、测控技术、楼宇智能化等相关专业的教材;计划学时数70～120学时,任课教师可根据专业培养方向、学生特点灵活取舍有关内容。

　　本书由河源职业技术学院李春来副教授和黄业安副教授、广东雅达电子股份有限公司邓大智高级工程师担任主编,负责全书的内容结构安排、工作协调及统稿工作。参编人员有河源职业技术学院黄志忠、罗坤明、蓝小亮、董文华、贺小艳等老师。具体编写安排如下:李春来、蓝小亮编写模块五、七,黄业安编写模块一,黄志忠编写模块二和模块四,罗坤明编写模块三和模块八,董文华、贺小艳编写模块六。

　　在系统研发及配套教材编写过程中,得到了河源职业技术学院科研处、教务处、电子信息工程学院领导和老师以及广东雅达电子股份有限公司领导和工程师们的大力支持,在此表示衷心的感谢。

由于编者水平有限,书中存在疏漏及不妥之处在所难免,恳请广大读者批评指正。

编　者

2014 年 6 月

目 录

CONTENTS

模块一
电量测量单元

学习目标

1. 能正确地把电量数显表连接到被测电路中,并能对相关电量进行监测。

2. 通过查阅产品说明书,能正确地操作各种电量数显表的面板按键,使其显示所要的被测量,并能对测量结果进行准确描述和分析。

3. 能判断和处理简单的交、直流电路故障。

任务一　用智能数显表测量单相交流电量

技能训练 1　单相交流电流与电压的测量

一、实训目的

(1)认识单相交流电。

(2)单相交流电的电参量及其测量。

二、实训仪器与材料

电气实训柜 YD-STD2202 一套,插拔线若干。

三、实训内容与步骤

(1)在确认实训柜电源输出部分的 A1P 开关断开后,对实训柜中的交流电量智能数显表 YD-STD2202 按图 1.1.1 所示进行单相二线监测接线:

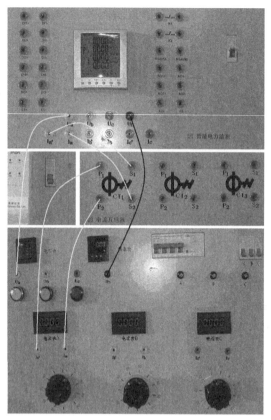

图 1.1.1　单相电量监测接线方法

①连接 YD-STD2202 的 A 相电压采集回路(用两根插拔线,一端插实训柜电源输出部分的 U_a、U_n 孔位,另一端插实训柜电量测量单元 U_1 的 YD-STD2202 表对应的 U_a、U_n 孔位)。

②连接 YD-STD2202 的 A 相电流采集回路(用两根插拔线,一端插实训柜电量测量单元 U_2 互感器部分的 CT_1 S_1、CT_1 S_2 孔位,另一端插实训柜电量测量单元 U_1 的 I_a^*、I_a 孔位)。

③连接 A 相电流互感器的 U_2 电流回路(用两根插拔线,一端插实训柜电源输出部分的 I_a^*、I_a 孔位,另一端插实训柜电量测量单元 U_2 互感器部分对应的 CT_1 P_1、CT_1 P_2 孔位)。

(2)依次接通电气实训柜电源输出部分的 4P 开关、电量测量单元 U_1 智能电力监测的 1P 开关、电源输出部分的 A1P 开关。

(3)切换 YD-STD2202 的按键,观察表面显示:电压、电流,并把观测数据填入表 1.1.1(必要时操作表面下方按键使 I 和 U 轮显)。

表 1.1.1　实验数据记录

电量项目	第一次显示值	第二次显示值	第三次显示值	第四次显示值	第五次显示值	平均值
电压 U(V)						
电流 I(A)						

四、分析与思考

(1)对比实训柜电源输出部分的小表显示与 U_1 智能电力监测部分的大表显示：U_a、I_a。

(2)实训中的电路采集回路为什么要接电流互感器 CT_1？

 知识链接　　　　　　　交流电路中的电流、电压及其测量

一、交流电的描述

1. 交流电流

大小和方向都随时间变化的电流称为交流电。目前作为电能应用最为普遍的是按正弦规律变化的正弦交流电。正弦交流电，每一个瞬间的大小，称为瞬时值，可用正弦函数表示为

$$i = I_m \sin(\omega t + \varphi)$$

式中：I_m 为最大值；ω 为角频率，单位是 rad/s（弧度/秒），表征交流电变化的快慢；φ 为 $t=0$ 时的初相角，表示正弦函数的计时起点；$\omega t + \varphi$ 为任意时刻的相位。它们在正弦波形图上的意义如图 1.1.2(a)所示。

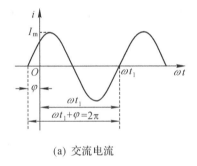
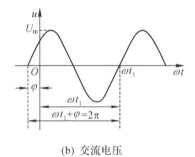

(a) 交流电流　　　　　　　　　　　　　　(b) 交流电压

图 1.1.2　正弦交流电波形

交流电流的大小是随时间变化的，瞬时值的大小在正负峰值之间变化。虽然最大值是一常数，但它不能反映交流电做功的能力。于是引入有效值的概念，其定义为：如果把交流电和直流电分别通过同一电阻，两者在相同时间内产生的热量相等，则此直流电的数值就叫做该交流电的有效值，用大写字母"I"表示。理论和实验均可证明，正弦交流电流的有效值与最大值之间的关系为 $I = I_m/\sqrt{2}$，通常人们所说交流电流的大小指的就是有效值。交流电器铭牌上标示的额定值以及通常交流仪表所测的电流值均为有效值。

2. 交流电压

交流电压的瞬时值可表示为 $u = U_m \sin(\omega t + \varphi)$，与交流电流具有相类似的形式，如图 1.1.2(b)所示。同样，正弦交流电压的有效值与最大值之间的关系为 $U = U_m/\sqrt{2}$。

3. 交流电的向量表示法

用正弦函数或者波形图表示交流电时，在进行比较或运算时十分不便，需要寻求一种

简便的表示方法。

如图 1.1.3 所示,从原点出发作一有向线段(矢量),令它的长度等于正弦量的最大值 I_m,与水平轴的夹角等于正弦量的初相位 φ,然后以等于正弦量角频率的角速度 ω 逆时针旋转,则在任一瞬间,该旋转矢量在纵轴上的分量就等于该正弦量的瞬时值 $I_m \sin(\omega t + \varphi)$。可见正弦交流电也可以用旋转矢量表示。

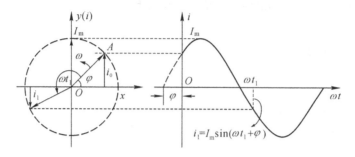

图 1.1.3　正弦交流电与旋转矢量的对应关系

从图 1.1.3 可见,用旋转矢量来表示正弦量也是很烦琐的。通常,由于正弦交流电路中的电压、电流都是同频率的,对于同频率的各种正弦量,只要各自的初相确定,则任意时刻均有同样的相位关系,因此,可以只用有向线段的初始位置($t=0$ 的位置)来表示正弦量,即用有向线段的长度表示正弦量的最大值,而正弦量的初相用有向线段与横轴正向的夹角表示,用符号"I"表示,这种表示正弦量的方法叫做向量法。如图 1.1.4(a)所示。

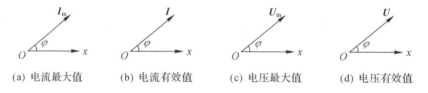

(a) 电流最大值　　(b) 电流有效值　　(c) 电压最大值　　(d) 电压有效值

图 1.1.4　正弦电流的向量表示

在实际问题中,遇到的往往是正弦量的有效值,如果使有向线段的长度等于正弦量的有效值,这种向量叫做有效值向量,用符号"I"表示,如图 1.1.4(b)所示。同理,正弦电压的最大值向量表示为 U_m,有效值向量表示为 U,如图 1.1.4(c)和(d)所示。

当正弦量用向量表示时,如果要进行同频率正弦量的加减运算,则可从同一原点出发,先作出与各正弦量对应的向量,然后按照平行四边形法则求出合成向量,这个合成向量的长度就是总的正弦量的最大值,合成向量与横轴的夹角就是总正弦量的初相。同时还可以用复数进行运算。更为重要的原因如下:

(1)交流线性元件中只有纯电阻电路的电流与电压向量才是同方向的,而在纯电感电路和纯电容电路中电流与电压向量是互成 90°的,如图 1.1.5 所示。

(2)RLC 串联电路中,各元件两端的电压向量与总电压向量一般都不在同一个方向,总电压的有效值与各元件电压的有效值的关系是向量和而不是代数和,如图 1.1.6 所示。

(3)RLC 并联电路中,各元件中的电流向量与总电流向量一般不会在同一个方向,总电流的有效值与各元件电流的有效值的关系是向量和而不是代数和,如图 1.1.7 所示。

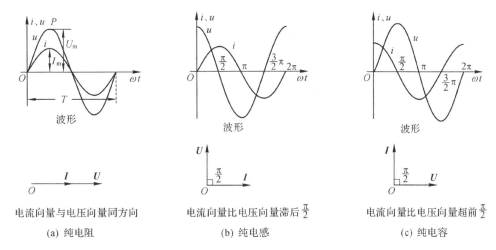

图 1.1.5　各交流线性元件中电流与电压向量的关系

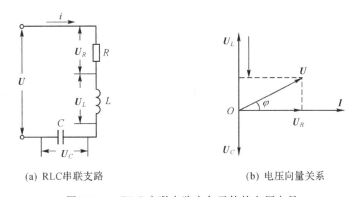

图 1.1.6　RLC 串联支路中各元件的电压向量

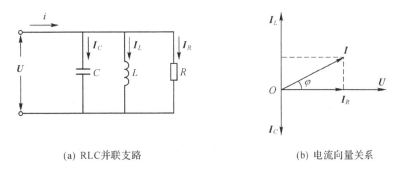

图 1.1.7　RLC 并联电路中各元件的电流向量

二、交流电流及电压的测量

1. 交流电流的传统测量方法

（1）用指针表测量交流电流

指针式交流电流表可以分为安装式和钳形便携式两种类型。

①安装式电流表只有一个量限,直接测量时,将电流表(表内固定线圈)直接串入被测电路中即可读出被测电流的值;如果要测量较大的电流,常通过电流互感器把一次回路的大电流转变为二次回路的较小电流,然后根据电流互感器的变比读取被测电流的值。如图1.1.8所示。

②钳形便携式电流表可以不断开电路而直接测量正在运行的电气线路中的电流。钳形便携式电流表的使用方法很简单,只要将正在运行的待测导线夹入钳形电流表钳口内,然后读取表头指针读数即可,如图1.1.9所示。

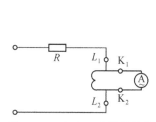

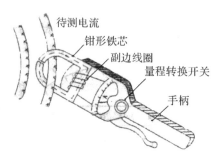

图1.1.8　电流互感器的接线　　　　图1.1.9　钳形便携式电流表

(2)用指针表测量交流电压

常见的指针式电压表如图1.1.10(a)所示,测量时电压表必须并联在被测电路中,如图1.1.10(b)所示。

　　　　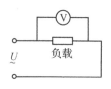

(a) 常见的指针式电压表　　　　　　　(b) 电压表的接线方法

图1.1.10　指针式电压表及其接线方法

测量500V以上交流电压时,一般都采用电压互感器来扩大交流电压表的量程。电压互感器是一次线圈匝数远大于二次线圈匝数的降压器。其一次线圈的额定电压采用不同的电压等级,而二次线圈的额定电压一般为100V,这给测量带来很大的方便。电压互感器在线路中的符号如图1.1.11(b)所示,电压互感器在线路中的接线方式如图1.1.11(c)所示。一次线圈 A-X 与被测负载并联,二次线圈 a-x 与电压表连接。若一次线圈匝数为 N_1,二次线圈匝数为 N_2,则变压比 $K_V = \dfrac{N_1}{N_2}$;如果电压表读数为 U_2,则被测电压 $U_1 = K_V U_2$,这样就能将电压表的量程扩大 K_V 倍。

在使用电压互感器时应注意以下几个问题:

(1)为了便于读数,有的电压表的刻度是按电压互感器的一次电压标注的。对于与电压互感器配合使用的电压表,应选择一次线圈的额定电压与电压表的满刻度电压(量程)相等的电压互感器,如电压表满刻度电压为1000V,则互感器的一次额定电压应选

 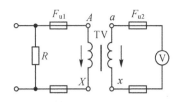

(a) 常见电压互感器　　　　(b) 电压互感器符号　　　　(c) 电压互感器接线

图 1.1.11　电压互感器外形、图形符号及在电路中的接法

择 1000V。

（2）电压互感器的二次线圈的一个端钮、铁芯和外壳都要可靠地接地，这样即使在绕组绝缘损坏，二次线圈另一端钮对地的电压也不会升高，以确保人身和设备安全。

（3）电压互感器的二次侧如果短路，一次、二次绕组中会有很大的短路电流，为了防止过大的短路电流损坏电压互感器，互感器一次、二次侧均应装设熔断器作短路保护。

2. 用数字交流智能表测量交流电量

虽然模拟式指针表结构简单、测量方便，但受表头精度的限制，测量精度较差，即使采用 0.5 级的高灵敏度表头，读数分辨率也只能达到半格，并且每次接线只能测量一项电参量。

数字电压表作为数字技术的成功应用，以其输入阻抗高、功能齐全、显示直观、便于智能化等突出优点而获得强势发展。图 1.1.12 所示为电气实训柜中安装的交流电量智能数显表 YD-STD2202 的外形和单相二线监测接线图。

 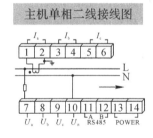

(a) 外形　　　　　　　　　(b) 背面接线

图 1.1.12　交流电量智能数显表的外形和接线

YD-STD2202 智能电力测控仪可测量单相和三相电网的全部电参数，面板上的操作键有 6 个，按键上端标示的是显示模式功能（下端标示的是编程模式下的功能），如表 1.1.2 所示。

表 1.1.2　YD-STD2202 显示模式下的按键功能

I	切换到电流、电流需量、基波值、总畸变率
U	切换到线电压、相电压、基波值、总畸变率
P/P_F	切换到有功功率、无功功率、视在功率、功率因数

续表

F/N_1	测量参数子菜单切换,如画面在总畸变率切换到各次谐波含有率
N_2	电能数据切换和扩展模块子菜单切换
E/T	电能和扩展模块数据切换主菜单

本次训练中只是用智能数显表 YD-STD2202 来测量单相交流电的电流、电压,操作方法如图 1.1.13 所示。

(a) 电流数据查询   (b) 电压数据查询

图 1.1.13 智能数显表 YD-STD2202 的电流、电压查询操作方法

技能训练 2 对比观察电源的电压、电流显示与 YD-STD2202 显示的电压、电流差值

一、实训目的

(1)掌握误差的理论知识。
(2)掌握相对误差、绝对误差、引用误差的算法。

二、实训仪器与材料

电气实训柜 YD-STD2202 一套,插拔线若干。

三、实训内容与步骤

(1)在确认实训柜电源输出部分的 A1P 开关断开的情况下,对实训柜中的交流电量智能数显表 YD-STD2202 进行单相二线监测接线:

①连接 YD-STD2202 的 A 相电压采集回路(用两根插拔线,一端插实训柜电源输出部分的 U_a、U_n 孔位,另一端插实训柜电量测量单元 U_1 的 YD-STD2202 表对应的 U_a、U_n 孔位);

②连接 YD-STD2202 的 A 相电流采集回路(用两根插拔线,一端插实训柜电量测量单元 U_2 互感器部分的 $CT_1 S_1$、$CT_1 S_2$ 孔位,另一端插实训柜电量测量单元 U_1 的 I_a^*、I_a 孔位);

③连接 A 相电流互感器的 U_2 电流回路(用两根插拔线,一端插实训柜电源输出部分的 I_a^*、I_a 孔位,另一端插实训柜电量测量单元 U_2 互感器部分对应的 $CT_1 P_1$、$CT_1 P_2$ 孔位);

(2)依次接通电气实训柜电源输出部分的 4P 开关;电量测量单元 U_1 智能电力监测

的 1P 开关、电源输出部分的 A1P 开关。

（3）切换 YD-STD2202 的按键，观察表面显示：电压、电流，并把观测数据填入表 1.1.3（必要时操作表面下方按键使 I 和 U 轮显）。

（4）用万用表测出 U_a、U_n 孔位之间的电压，并把所测数据填入表 1.1.3。

（5）用钳形便携式电流表测出通过 A 相电流互感器的 U_2 电流回路的电流并把所测数据填入表 1.1.3。

（6）计算并分析数据表中的各种误差。

表 1.1.3 实验数据记录

电量项目	小表显示值（真值）[1]	测量值[2]		绝对误差[3]	相对误差[4]	引用误差[5]
U		YD-STD2202				
		万用表				
I		YD-STD2202				
		钳形电流表				

[1] 以实训柜电源输出部分的小表显示值假定为真值 X_0；[2] 以智能电力监测仪 YD-STD2202 显示值作为测量值 X；[3] 绝对误差 $\Delta X = X - X_0$；[4] 相对误差 $\Delta r = \Delta X / X$；[5] 引用误差 $r = \Delta X / X_n$，其中 X_n 为仪表测量量程。

四、分析与思考

（1）误差是个有符号的值，为什么？

（2）要比较测量仪器的准确度，应该用绝对误差、相对误差还是引用误差？为什么？

（3）实际应用中，真值如何确定？

 知识链接　　　　　　　**测量中的误差及减小误差的方法**

在实际测量中，由于测量工具不够准确、测量方法不够完善以及各种其他因素的影响（如测量者的经验和识别能力的局限性），测量结果不可能是被测量的真实值，而只是它的近似值。测量值与被测量的真实值之间的差异叫做测量误差。

一、测量误差的表示方法

电气测量误差的表示方法有 3 种：绝对误差、相对误差和引用误差，下面分别介绍。

1. 绝对误差

仪表的指示值（测量值）A_x 与实际值（真实值）A_o 之间的差值称为绝对误差，用 ΔA 表示，即：$\Delta A = A_x - A_o$

计算 ΔA 时，通常把标准仪表的指示值当做被测量的实际值，可得：

$$A_o = A_x - \Delta A$$

令 $C = -\Delta A$，则：$A_o = A_x + C$

其中，C 叫做更正值（或修正值），它与绝对误差大小相等，符号相反。引入更正值后，可以对仪表的指示值进行校正,以消除误差。

2.相对误差

绝对误差 ΔA 与实际值 A_0 之比称为相对误差。相对误差单位为"1",通常用百分数来表示,用符号 γ 表示。则:

$$\gamma = \frac{\Delta A}{A_0} \times 100\%$$

当实际值难以确定时,可以用仪表指示值代替,这时的相对误差为:

$$\gamma = \frac{\Delta A}{A_x} \times 100\%$$

测量同一个量,绝对误差愈小,结果愈准确。如果测量大小不同的量,用绝对误差不能比较测量结果的准确度时,那么只有用相对误差来比较测量结果的准确度。相对误差的绝对值愈小,表示测量的准确度愈高。

3.引用误差

相对误差可以表示测量结果的准确度却不能反映仪表本身的准确程度。这样便提出了引用误差的概念。绝对误差与测量仪表的量程之比称为引用误差,一般用 γ_m 表示(结果用百分数表示),即:

$$\gamma_m = \frac{\Delta A}{A_m} \times 100\%$$

式中:A_m 代表测量仪表的量程,也就是满刻度值。由于引用误差的分母是固定的,故用引用误差来比较测量不同大小的被测量之间的准确程度就比较简便了。

二、误差的分类和来源

根据误差性质的不同,测量误差一般可分为系统误差、随机误差和疏失误差三类,每一类误差产生的原因各不相同。

1.系统误差

系统误差是指在同一条件下,多次测量同一被测量时,误差大小和符号均保持不变;或条件改变时,其误差按某一确定规律而变化。系统误差主要是由于测量仪器仪表的准确度不同、测量方法的不完善和测量环境的变化等引起的。

2.随机误差

随机误差又称偶然误差,它是指在相同条件下多次重复测量同一量时,误差时大时小,符号时正时负,没有确定的变化规律,无法控制也不能预知其大小和符号的误差。

随机误差的来源和系统误差相似,所不同的是随机误差的产生是由于各种互不相干的独立因素随机起伏变化而引起的。如磁场的微变、温度的微变、大地的微震、空气流的变化扰动等,都会产生随机误差。

3.疏失误差

疏失误差是一种严重歪曲了测量结果的异常误差。疏失误差主要是测量者的粗心、疏忽所造成的。如不正确的操作方法,读数错误,记错、算错数据等。

三、减小误差的方法

测量误差是不能消除的,但要尽可能使误差减小到测量允许的范围内。减小测量误差,应根据误差的来源和性质采取相应的措施和方法。

1.减小系统误差的方法

(1)对测量仪器仪表进行校正。在准确度要求高的测量中,引用修正值进行修正。

(2)消除产生误差的根源。正确选择测量方法和测量仪器仪表,尽量使测量仪器仪表在规定的使用条件下工作,消除各种外界因素造成的影响。

(3)采用特殊的测量方法。在实际测量中,可根据测量仪器仪表不同、被测量不同,采用不同的测量方法来达到减小误差的目的。如正、负误差补偿法,等值替代法,换位消除法,对称观测法等。例如,用电流表测电流时,考虑到外磁场对读数的影响,可以把电流表放置的位置转动180°,分别进行两次测量。两次测量中,必然会出现一次读数较大而另一次读数较小,可取两次读数的平均值作为测量结果,其正、负误差抵消,可以有效地减小外磁场对测量结果的影响。

2.减小随机误差的方法

随机误差都服从统计规律。统计规律的性质之一是:随着测量次数的增多,绝对值相等、符号相反的随机误差,出现的次数趋于相等。特别是当测量次数趋于无穷时,其误差总体平均值趋近于0,这一性质称为随机误差的抵消性。根据这一特性,我们可以借助增加重复测量的次数来减小随机误差。

3.疏失误差的防止

防止产生疏失误差,首先,要求测量者应以高度的工作责任心和严格的科学态度从事测量工作;其次,应严格按测量操作程序和操作规程进行测量工作;最后,应对测量结果进行校对,若测量中出现了疏失误差,则该测量结果应该抛弃。

技能训练3　交流电的电压和电流频率测量

一、实训目的

(1)认识三相电的电压电流频率。
(2)掌握三相电的电压电流频率测量方法。

二、实训仪器与材料

电气实训柜 YD-STD2202 一套,插拔线若干。

三、实训内容与步骤

(1)在确认实训柜电源输出部分的 A1P 开关断开的情况下,对实训柜中的交流电量智能数显表 YD-STD2202 进行单相二线监测接线:

①连接 YD-STD2202 的 A 相电压采集回路(用两根插拔线,一端插实训柜电源输出部分的 U_a、U_n 孔位,另一端插实训柜电量测量单元 U_1 的 YD-STD2202 表对应的 U_a、U_n 孔位);

②连接 YD-STD2202 的 A 相电流采集回路(用两根插拔线,一端插实训柜电量测量单元 U_2 互感器部分的 $CT_1 S_1$、$CT_1 S_2$ 孔位,另一端插实训柜电量测量单元 U_1 的 I_a^*、I_a 孔位);

③连接 A 相电流互感器的 U_2 电流回路(用两根插拔线,一端插实训柜电源输出部分的 I_a^*、I_a 孔位,另一端插实训柜电量测量单元 U_2 互感器部分对应的 $CT_1 P_1$、$CT_1 P_2$ 孔位);

(2)依次接通电气实训柜电源输出部分的 4P 开关;电量测量单元 U_1 智能电力监测的 1P 开关;电源输出部分的 A1P 开关。

(3)切换 YD-STD2202 的按键,观察表面显示:电压、电流、频率,并把观测数据填入表 1.1.4(必要时操作表面下方按键使 I、U 和 f 轮显)。

(4)实验数据记录(U、I、f 假设小表显示值为真值)。

表 1.1.4　实验数据记录

	测量值	真值	绝对误差	相对误差
电压 U(V)				
电流 I(A)				
频率 f(Hz)				

绝对误差＝测量值－真值;相对误差＝(测量值－真值)/真值

四、分析与思考

(1)对比电气实训柜电源输出部分的小表显示与 U_1 智能电力监测部分的大表显示: U_a、I_a 的频率。

(2)用误差理论计算小表显示值与大表显示值的差异(假设小表显示值为真值)。

 知识链接　　　　　　　　**交流电的频率及其监测**

一、交流电的频率

交流电的频率 f 是指每秒循环变化的周数,单位为赫兹(Hz)。周期 T 是正弦交流电循环变化一周所需要的时间,单位是秒(s)。两者关系如下:

$$f=1/T$$

一个周期相当于正弦函数变化 2π 弧度(rad)。在正弦交流电的瞬时表达式中,ω 称为角频率,也是用旋转矢量表示时在 1s 内转过的弧度数,所以

$$\omega=2\pi/T=2\pi f$$

可见,周期、频率、角频率都能用来表示正弦交流电变化的快慢,知道其中一个,就可

以知道另外两个。频率是整个电力系统统一的运行参数。现代电力系统的频率即电力系统中的同步发电机产生的正弦基波电压的频率。

中国和大多数国家(地区)一样都采用 50 Hz 作为电力系统的供电频率(有些国家,如美国、日本等采用 60 Hz),这种频率也称为工业频率,简称工频。

在电力系统中,发电机发出的功率与用电设备及送电设备消耗的功率不平衡,将引起电力系统频率变化。当系统负荷超过或低于发电厂的出力时,系统频率就要降低或升高,发电厂出力的变化同样也将引起系统频率变化。

由于大机组的运行对电力系统频率偏差要求比较严格,因此国家对电力系统故障运行方式的频率偏差规定在 ± 1 Hz 之间。超过允许的频率偏差,大机组将跳闸,这不利于系统的安全稳定运行。现代的大电网并网有利于电网频率及电压稳定。

从使用角度看,频率升高,使得电抗增加,电磁损耗大,加剧了无功的数量。譬如以三相电机为例,其电流大大下降,输出功率及转矩也下降。相反,如果频率降低,感抗变小,电流增大,热损增加,同样不利于感性负载的运行。

二、频率的监测

测量交流电频率的方法很多,按所用的电路形式可以分为模拟式与数字式两类。其中模拟式频率表由于测量精度有限已逐步被数字式频率表所替代。数字式频率表是通过采集实时电压/电流信号,求取电压/电流旋转矢量的角速度,再折算出频率。三相交流电的频率测量装置包括采样电路,经采样电路采样后,各相电压/电流经电平偏移电路,将交流信号处理成直流信号,所得各相直流信号经 A/D 采样电路,模数转换后获得三相实时电压/电流输入频率计算电路,在频率计算电路中计算旋转矢量的角速度,最后折算出频率。电气实训柜中安装的 YD-STD2202 就是具有测量交流电频率功能的数字式智能电力测控仪。

技能训练 4　交流电的功率和电能的测量

一、实训目的

(1)认识学习交流电的功率和电能。
(2)掌握交流电功率和电能的测量方法。

二、实训仪器与材料

电气实训柜 YD-STD2202 一套,插拔线若干。

三、实训内容与步骤(单相)

(1)在确认实训柜电源输出部分的 A1P 开关断开的情况下,对实训柜中的交流电量智能数显表 YD-STD2202 进行单相二线监测接线:

①连接 YD-STD2202 的 A 相电压采集回路(用两根插拔线,一端插实训柜电源输出

部分的 U_a、U_n 孔位,另一端插实训柜电量测量单元 U_1 的 YD-STD2202 表对应的 U_a、U_n 孔位)。

②连接 YD-STD2202 的 A 相电流采集回路(用两根插拔线,一端插实训柜电量测量单元 U_2 互感器部分的 $CT_1 S_1$、$CT_1 S_2$ 孔位,另一端插实训柜电量测量单元 U_1 的 I_a^*、I_a 孔位)。

③连接 A 相电流互感器的 U_2 电流回路(用两根插拔线,一端插实训柜电源输出部分的 I_a^*、I_a 孔位,另一端插实训柜电量测量单元 U_2 互感器部分对应的 $CT_1 P_1$、$CT_1 P_2$ 孔位)。

(2)依次接通电气实训柜电源输出部分的 4P 开关、电量测量单元 U_1 智能电力监测的 1P 开关、电源输出部分的 A1P 开关。

(3)切换 YD-STD2202 的按键,观察表面显示:电压、电流,并把观测数据填入表 1.1.5 实验数据记录表(必要时操作表面下方按键使 I、$U \cos\varphi$、P、E 轮显)。

表 1.1.5　实验数据记录

	电压 U(V)	电流 I(A)	功率因素 $\cos\varphi$	功率 P(W)	电能 E(J)	时间 t(S)
测量值 1						
测量值 2						
测量值 3						

功率 $P = UI\cos\varphi$;电能 $E = Pt$

四、分析与思考

(1)为什么交流电的功率 P 有时会不等于电压有效值 U 与电流有效值 I 的乘积?

(2)功率因数的实际意义是什么?

 知识链接　　　　　**正弦交流电路中的功率及其测量**

一、电阻、电容、电感元件中的交流功率

电阻、电容、电感是实际使用最广的三种负载元件。在交流电路中,由于电压、电流随时间变化,在电感元件中因磁场不断变化,产生感生电动势;随着电容极板间的电压不断变化,引起电荷在与电容极板相连的导线中移动形成电流。下面讨论电阻、电感与电容在交流电路中各自的功率。

1.纯电阻电路中的功率

根据电功率的定义,电路任一瞬时所吸收的瞬时功率呈现图 1.1.14(b)所示的规律,可见,电阻所吸收的功率在任一瞬时总是大于零的,说明电阻是耗能元件。

通常所说的功率是指一个周期内电路所消耗

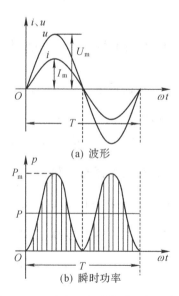

(a) 波形

(b) 瞬时功率

图 1.1.14　纯电阻电路的波形与功率

(吸取)功率的平均值,正弦交流电路中电阻所消耗的功率与直流电路有相似的公式:

$$P = UI = I^2R = \frac{U^2}{R}$$

式中:U 与 I 分别是正弦电压与正弦电流的有效值。

2.电感电路

一个具有电磁感应作用、其直流电阻值小到可以忽略的线圈,就可以看做是一个纯电感负载,如日光灯电路的镇流器,整流滤波电路的扼流圈,电力系统中限制短路电流的电抗器等。

(1)瞬时功率

纯电感电路的瞬时功率等于电压 u 和 i 瞬时值的乘积。设电流 $i = I_m\sin\omega t$,则电压 $u = U_m\sin\left(\omega t + \frac{\pi}{2}\right)$,所以 $p = iu = I_m\sin\omega t\,U_m\sin\left(\omega t + \frac{\pi}{2}\right) = UI\sin2\omega t$。画出瞬时功率曲线图,如图 1.1.15(b)所示。

(2)有功功率

由图 1.1.15(b)可见,瞬时功率在第一个和第三个 1/4 周期内为正值,表示电感线圈从电源中获得电能,转换为磁能储藏于线圈内;在第二个和第四个 1/4 周期内为负值,表示电感将储藏的磁场能转换为电能,随电流送回电源。在一个周期内,正方向和负方向曲线所包围的面积相等,表示瞬时功率在一个周期内的平均值等于零。同时,纯电感电路中的电流向量超前于电压向量90°,根据交流有功功率的定义:$P = UI\cos\varphi$,由于 $\cos90° = 0$,也可以知道纯电感元件中的有功功率为 0,即 $P = 0$。也就是说,纯电感电路不消耗能量,只与电源进行能量的交换。

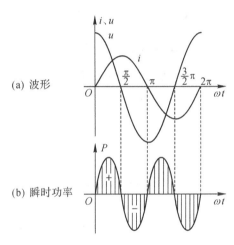

(a) 波形

(b) 瞬时功率

图 1.1.15　纯电感电路的波形与向量

(3)无功功率

对电源来说,在给纯电感电路两端提供电压的同时,还提供了电流,其中电流与电压有效值的乘积 UI 叫做视在功率,用字母 S_L 表示,由于纯电感的有功功率 $P = 0$,所以,视在功率 S_L 等于无功功率 Q_L,即 $Q_L = S_L = IU = I^2X_L = \frac{U^2}{X_L}$,单位为 var(乏),表示线圈与电源之间能量交换规模的大小,其中的 X_L 为线圈的感抗(Ω)。

3.纯电容电路

(1)瞬时功率

电容电路所吸收的瞬时功率为 $p = ui = U_m\sin\omega t \cdot I_m\sin(\omega t + \pi/2) = UI\sin2\omega t$,瞬时功率曲线如图 1.1.16(b)所示。

(2)有功功率

由图 1.1.16(b)可见,瞬时功率在第一个和第三个 1/4 周期内为正值,表示电容器从电源中获得电能,转换为电场能储藏于电容器内;在第二个和第四个 1/4 周期内为负值,表示电容器将储藏的电场能转换为电能,随电流送回电源。由曲线图还可以看出,在一个周期内,正方向和负方向曲线所包围的面积相等。它表示瞬时功率在一个周期内的平均值等于零,也就是说,在纯电容电路中,不消耗能量,而只与电源进行能量的交换。所以在一个周期内的有功功率为零,即 $P = 0$。

(3)无功功率

与电感相似,电容与电源功率交换的规模,称为无功功率,用 Q_C 表示,即

$$Q_C = UI = I^2 X_C = \frac{U^2}{X_C}$$

式中:X_C 为电容 C 的容抗,单位仍然是 Ω。

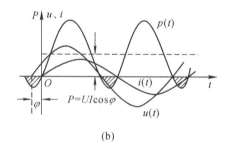

(a) 波形

(b) 瞬时功率

图 1.1.16　纯电容电路的波形与向量

二、正弦交流电路的功率、功率因数

通常的正弦交流电路以电阻、电感、电容混合组成,在此用图 1.1.17(a)所示的无源二端网络来表示。当以输入端口的电流为参考正弦量时,电流可表示为:

$$i(t) = I_m \sin\omega t$$

电压则与电流直流之间存在一个相位差 φ,应表示为:

$$u(t) = U_m \sin(\omega t + \varphi)$$

如图 1.1.17(b)所示的 $u(t)$、$i(t)$。那么,任意时刻电路的瞬时功率为:

$$
\begin{aligned}
p(t) &= U_m \sin(\omega t + \varphi) I_m \sin\omega t \\
&= UI\cos\varphi - UI(\cos2\omega t\cos\varphi - \sin2\omega t\sin\varphi) \\
&= UI\cos\varphi(1 - \cos2\omega t) + UI\sin\varphi\sin2\omega t
\end{aligned}
$$

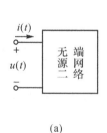

(a)

(b)

图 1.1.17　无源二端网络的瞬时功率波形

图 1.1.17(b)同时画出了 $p(t)$ 的变化曲线。由此可知,瞬时功率 $p(t)$ 有时为正值,即 $p(t) > 0$,表明电路从电源吸取能量;有时为负值,即 $p(t) < 0$,表明电路释放能量给电源。但在一个周期内的平均值,即电路的有功功率 P 为:

$$P = \frac{1}{T}\int_0^T p(t)\mathrm{d}t$$

$$= UI\cos\varphi$$

这表明,正弦交流电路的功率不仅与输入端电压、电流有效值有关,还与它们之间的相位差的余弦值有关。当用向量表示无源二端网络中的电压和电流有效值时,有功功率就是以电流作为参考方向把偏离的电压投影到电流方向的值 $U\cos\varphi$ 与电流有效值 I 的乘积,如图1.1.18所示。

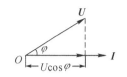

图 1.1.18　电压有效值在电流方向的投影

在电工技术中,把电路端口电压有效值与电流有效值的乘积称为电路的视在功率,用字母 S 表示,即

$$S=UI$$

单位为伏安(V·A)。它表示电器设备的额定容量。例如,变压器、发电机等都是按照一定的额定电压和额定电流设计和使用的。在使用时,如果电压、电流超过额定值,电器设备就有可能遭到损坏。至于电器设备能提供多大的有功功率 P,这要看电路的 $\cos\varphi$。

平均功率 P 一般小于视在功率 S。在电工技术中,将有功功率 P 与视在功率 S 的比值定义为电路的功率因数,即

$$\lambda=\frac{P}{S}=\cos\varphi$$

式中:φ 称为电路的功率因数角,其实质是电路端口电压与电流的相位差。

2.无功功率及功率三角形

由于电路中存在着储能元件的电感和电容,因此,电路中不仅有电能的损耗,还有能量的交换。由电路的瞬时功率 $P(t)$ 的表达式可知,第一项 $UI\cos\varphi(1-\cos2\omega t)$ 是非负的,其平均值为 $UI\cos\varphi$,显示电路中电阻元件的耗能。而第二项 $UI\sin\varphi\sin2\omega t$,其平均值为零,振幅为 $UI\sin\varphi$,显示电路中电感、电容与电源之间的能量交换。能量交换的最大值为 $UI\sin\varphi$,称为电路的无功功率 Q,即

$$Q=UI\sin\varphi$$

三、交流电功率的测量

交流电路的有功功率为:$P=UI\cos\varphi$,因而测量交流功率必须反映电压、电流以及功率因数的乘积。所以,传统的交流功率表有检测电流的 A、A' 两个端子,还有检测电压和功率因数的 B、B' 两个端子,如图1.1.19(a)所示。

这样,功率表就成为多量限的仪表,因此功率表的使用须注意以下两个方面:

1.量限的选择

选择功率表时,不能仅考虑功率量限,还必须使被测电路的电流和电压不超过电流和电压量限,否则可能导致错误结果,甚至损坏仪表。

例如,功率为1500W、电压为300V、功率因数为0.5的负载,功率表电压量限应选300V。电流量限应选 $I=\dfrac{P}{U\cos\varphi}=\dfrac{1500}{300\times0.5}=10(\text{A})$。若选300V、5A量限,虽然功率量限为1500W,符合要求,但电流线圈将流过10A电流,大大超过其电流量限,所以不能选用。

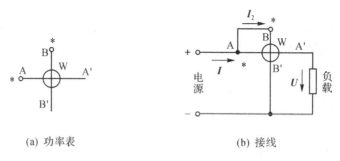

(a) 功率表　　　　　　　　(b) 接线

图 1.1.19　功率表及其正确连接方式

2.接线

为了保证正确接线,通常在电流支路的一端和电压支路端标有"＊"、"·"、"±"或"＋"等特殊标记,一般称之为发电机端(或称同名端)。图 1.1.19(b)所示为功率表的正确连接方式,其接线规则如下:

(1)标有"＊"号的电流端钮必须接至电源的一端,而另一端钮则接至负载端,电流线圈是串联接入电路的。

(2)标有"＊"号的电压端钮,可以接至电流端钮的任一端,而另一端钮则跨接到负载的另一端。

如果两对端钮同时反接,将引起较大的附加误差,并有可能发生绝缘被击穿的危险,所以是不容许的。

实训柜中是用 YD-STD2202 对所有电量进行监测,接线时电流采集回路的 I_a^* 孔位相当于图 1.1.19 中的 A 端,I_a 孔位相当于图 1.1.19 中的 A′端,不能反接。功率与功率因数数据的查询方法如图 1.1.20 所示。

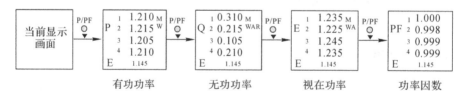

图 1.1.20　功率与功率因数数据查询

四、正弦交流电路电能的测量

凡是用电的地方,几乎都需要测量电能,专门用来测量电能的仪表称为电度表,传统测量交流电能是用图 1.1.21 所示的感应系电度表,利用其中的铝盘转速与负载功率成正比,通过涡轮传动将铝盘转过的圈数传给计度器来显示负载所消耗电能的度数。

然而因为其功能单一,已不再适应分时段计费、用电量分等级计费、自动抄表等功能的需要。实训柜中使用的 YD-STD2202 包含了对电能进行智能化监测的功能,由 $E=P_t=IU_t\cos\varphi$ 可知,电能是电路中的功率对时间的积累。实际应用中,常常以月为单位累加,分时段计费时,则每天都应以峰、谷等时段作为时间节点,这就需要对各种不同时段进

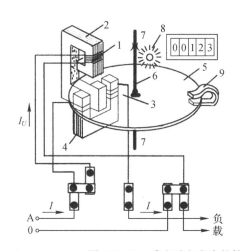

1 电压线圈
2,4 铁芯
3 电流线圈
5 铝盘
6 固定在转轴
7 上、下轴承
8 蜗杆、蜗轮
9 永久磁铁

图 1.1.21　感应系电度表的结构

行编程,下面介绍 YD-STD2202 的编程设置方法。

面板上的 6 个操作键下端标示的是编程模式功能,如表 1.1.6 所示。

表 1.1.6　编程模式下按键功能

◁	设置菜单中,由子菜单返回上一级菜单; 有光标时作为光标左移按键(向左键)
▷	设置菜单中,由主菜单进入下一级菜单或进入设置画面出现光标; 有光标时作为光标右移按键(向右键)
▽	设置菜单中移至选择菜单相邻的下一个项目或键入数值时作为递减的功能。(向下键)
△	设置菜单中移至选择菜单相邻的下一个项目或键入数值时作为递增的功能。(向上键)
↵	确认功能(回车键)
PROG	编程切换键

进入、退出编程模式:在显示模式下按"PROG"键 5 秒进入编程模式,在编程模式下按"PROG"键 5 秒退出设置模式。进入编程模式后,按"▷"键移动光标输入密码,在 PW 画面输入密码 02000,按"△"或"▽"多次,依次进入 PT(电压变比)、CT(电流变比)、ID(本机地址)、BPS(通信波特率)、NET(网络线制)、RSIENERGY(电能累加复位)、IMP(电能脉冲输出设置)、CUT. I(电流门限)、HIGH/LOW(峰、谷时段设置)、DO(继电器参数设置)、AO(模拟量输出设置)、TIME、BACKLIGHT(背光时间)等菜单模式。

复费率时间段设置(HIGH/LOW):在 HIGH/LOW 模式下,按"▷"键一次进入 HI-1(峰时段第 1 时间段),按"△ 和▽"可选择 4 个峰时段、4 个谷时段设置,再按"▷"键一次进入时间设置,设置时间格式小时:分钟~小时:分钟,设置完成后按"↵"确认。注:时间段顺序是按峰、谷、平(没有设置的时段为平时段)时段进行累加,当设定时段的时间相冲突时按峰、谷、平的顺序进行累加。

电能脉冲输出设定:电能脉冲输出可以设为 20000 和 2000 两种。当电流互感器二次侧输出为 5A 时,输出脉冲设为 2000;当电流互感器二次侧输出为 1A 时,输出脉冲可设为 20000。

电能累加复位设定：

全部电能复位，操作如下：

在 RSIENERGY 方式下，按"▷"一次，显示"RSTALLN"，再按"▷"一次，预置的 N 闪动，按"△"或"▽"，在 N 和 Y 之间选择 Y，选定后按"↵"确认，这时所有电能数据变为"0"。

部分电能复位，操作如下：

在 RSIENERGY 方式下，按"▷"一次，显示"RSTALLN"，再按"▷"一次，预置的 N 闪动，按"△"或"▽"，在＋WH、－WH、＋VH、－VH 之间选择你所需要的电能，选好后，按"▷" N 在闪动，按"△"或"▽"，在 N 和 Y 之间选择 Y，选定后按"↵"确认，这时需要归零的电能数据变为"0"。

例如，设置一个峰值时间段为 10:00～12:00，操作步骤如图 1.1.22 所示。

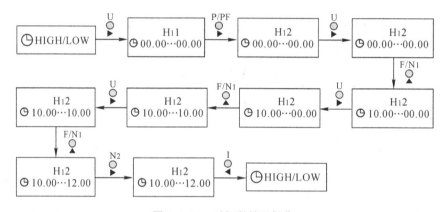

图 1.1.22　时间段设置操作

电能数据的查询方法，如图 1.1.23 所示。

电能数据和扩展模块数据在一行（假设当前在"时间"界面）。

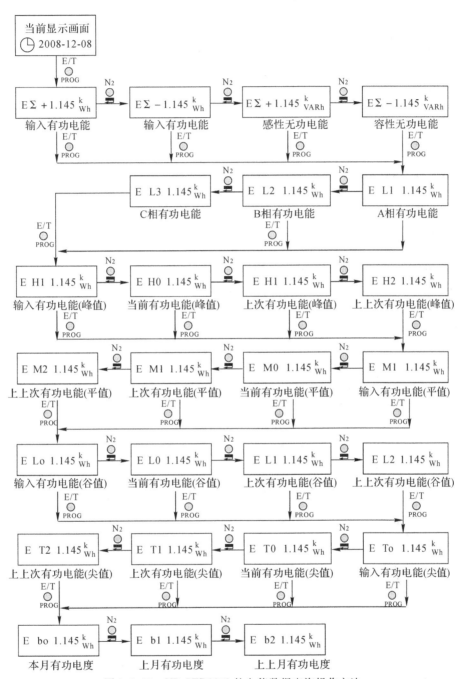

图 1.1.23 YD-STD2202 的电能数据查询操作方法

任务二 用智能数显表测量三相交流电量

技能训练1 三相交流电的认识

一、实训目的

(1)认识三相交流电。

(2)三相交流电的测量。

二、实训仪器与材料

电气实训柜 YD-STD2000 一套,插拔线若干。

三、实训内容与步骤

1. 在确认实训柜电源输出部分的 A1P 开关断开的情况下,对实训柜中的交流电量智能数显表 YD-STD2202 按图 1.2.1 进行三相四线监测接线。

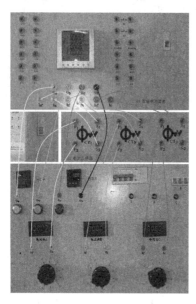

(a) 实训柜中的连接

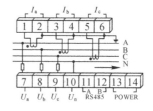

(b) YD2202主机三相四线接线

图 1.2.1 三相四线电量监测接线

(1)连接 YD-STD2202 的三相电压采集回路:

用四根插拔线一端插在电气实训柜电源输出部分的 U_a、U_b、U_c、U_n 孔位,另一端插在电量测量单元 U_1 智能电力监测部分的 YD-STD2202 表对应的 U_a、U_b、U_c、U_n 孔位。

(2)连接 YD-STD2202 的 A 相电流采集回路:

①用两根插拔线一端插在电气实训柜电源输出部分的 I_a^*、I_a 孔位,另一端对应插在

电气实训柜电量测量单元 U_3 互感器部分的 CT_1 的 P_1、P_2 孔位。

②用两根插拔线一端插在电气实训柜电量测量单元 U_3 互感器部分的 CT_1 的 S_1、S_2 孔位,另一端插在电气实训柜电量测量单元 U_1 智能电力监测部分的 I_a^*、I_a 孔位。

③按上述①、②步骤连接电气实训柜电源输出部分的另两组电流输出 I_b、I_c。

2.打开电气实训柜电源输出部分的 4P 开关和实训柜电量测量单元 U_1 智能电力监测的 1P 开关。

3.依次打开电气实训柜电源输出部分的 ABC 三个 1P 开关。

4.观察电气实训柜 U_1 智能电力监测部分的表面显示:电压、电流、功率因素、功率等(必要时按表面下方按键 I、U 和 F 轮显),并把观测数据填入表 1.2.1。

表 1.2.1　实验数据记录

电量项目	第一次显示值	第二次显示值	第三次显示值	第四次显示值	第五次显示值	第六次显示值
电压 U						
电流 I						
功率因素 $\cos\Phi$						
有功功率 P						

$P=1.732UI\cos\Phi$；$Q=1.732U_aI_a\sin\Phi$；$S^2=P^2+Q^2$；$\cos\Phi=P/S$；$\sin\Phi=Q/S$

四、分析与思考

(1)计算并分析它们各个电参量之间的关系。

(2)试接三相三线查看 U_1 智能电力监测部分的大表显示:U、I、$\cos\Phi$、P 等电参量与三相四线有何不同?

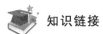 **知识链接**　　　　　　　**三相正弦交流电路**

一、三相交流电

三相发电机主要由电枢(定子)和磁极(转子)组成。三相发电机的原理如图 1.2.2 (a)所示。图中 UU'、VV' 和 WW' 分别为三个彼此独立的线圈绕组。每一个绕组有 N 匝。"·"表示绕组中电流方向由里向外流出,"×"表示绕组中电流方向由外向里流进。三相交流电的产生过程如下:首先给转子通入直流电以产生磁场,然后原动机带动转子转动,使定子绕组切割磁力线,定子绕组中便产生感应电动势和感应电流。

由于发电机三相绕组彼此相隔 120°,因此它们发出的三相电动势的幅值(即大小)相等,频率相同,相位互差 120°。这样的三相电动势称为对称的三相电动势,它们的表达式为:

$$u_U = U_m \sin\omega t$$
$$u_V = U_m \sin(\omega t - 120°)$$
$$u_W = U_m \sin(\omega t - 240°)$$

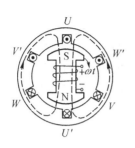
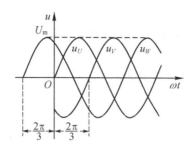
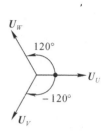

(a) 三相发电机原理　　　　(b) 三相交流电压波形　　　　(c) 向量图

图 1.2.2　三相对称电压

若以向量形式表示,则：

$$\boldsymbol{U}_U = U_{0°}$$

$$\boldsymbol{U}_V = U_{-120°}$$

$$\boldsymbol{U}_W = U_{-240°}$$

三相对称电压的波形和向量图如图 1.2.2(b) 和 (c) 所示。由波形可知,对称三相交流电压瞬时值之和恒为零。三相交流电出现正幅值(或相应零值)的顺序称为相序。图中,相序为 U—V—W。在变电所的母线上一般都以黄、绿、红三种颜色分别表示 U 相、V 相、W 相。

二、三相电源的连接

三相交流电源的每一相都可用两根导线和负载连接起来,组成三个互不相关的电路。但这种连接需要用六根导线来输电,很不经济。实际工程上采用的是"星形"(Y)或"三角形"(△)的连接方式。

1.星形连接(Y 连接)

通常把发电机三相绕组的末端 U′、V′、W′ 连接成一点 N;而把始端 U、V、W 作为与外电路相连接的端点,这种连接方式称为电源的星形连接,如图 1.2.3 所示。N 点称为"中性点"。从中性点引出的导线叫"中性线",当中性线接地时,由中性点引出的线叫"零线"。从始端(U、V、W)引出的三根导线称为端线或相线,俗称火线。U、V、W 三相用黄、绿、红三色标记;零线用黑色;地线用黄绿双色线。注意,地线与零线不要混淆,地线是由接地装置引出的线,对人身或设备起保护作用。

由三根相线和一根中性线构成的供电系统称为三相四线制。通常的低压供电就采用三相四线中性点接地系统。常见的单相供电线路只有两根导线,即由一根相线和一根中性线组成。

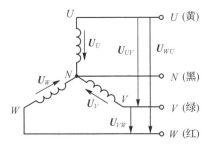

图 1.2.3　三相电源的星形连接

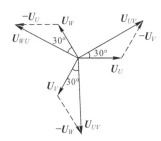

图 1.2.4　三相电源各电压向量之间的关系

这样的连接方式,在导线间存在着两种电压:一种是相线与中性线之间电压 U_U、U_V、U_W,称为相电压;另一种是相线与相线之间的电压 U_{UV}、U_{VW}、U_{WU},称为线电压。通常规定电源各相电动势的参考方向从发电机绕组的末端指向始端(从中性线指向相线,$N—U$、$N—V$ 和 $N—W$),相电压的参考方向从发电机绕组的始端指向末端(从相线指向中线,即 $U—N$、$V—N$ 和 $W—N$)。线电压的参考方向,如 U_{UV},则是 U 端指向 V 端。由图 1.2.3 可知各线电压与相电压之间的关系为:

$$U_{UV} = U_U - U_V$$
$$U_{VW} = U_V - U_W$$
$$U_{WU} = U_W - U_U$$

相电压与线电压的向量图如图 1.2.4 所示。

由于三相电压是对称的,所以在做向量图时,可先做出相电压的向量 U_U、U_V、U_W;然后根据各线电压与相电压之间的关系分别做出线电压的向量 U_{UV}、U_{VW}、U_{WU}。由图可知,线电压也是对称的,在相位上比相应的相电压超 30°。线电压的有效值用 U_l 表示,相电压的有效值用 U_P 表示。由向量图可知,它们的大小关系为:

$$U_l = \sqrt{3} U_P$$

一般低压供电的线电压是 380V,相电压是 $380/\sqrt{3} = 220$V。负载可根据额定电压的大小决定其接法:若负载额定电压是 380V,就接在根相线之间;若额定电压是 220V,就接在相线和中性线之间。必须注意:不加说明的三相电和三相负载的额定电压都是指线电压。

2.三角形连接(△连接)

将发电机的三相绕组,以一个绕组的末端和相邻一个绕组的始端按顺序连接起来,形成一个三角形回路,再从三个连接点引出三根导线与负载相连,称为电源的三角形连接,如图 1.2.5 所示。

由图 1.2.5 可知,电源接成三角形时,线电压 U_l 也就是相电压 U_P,即 $U_l = U_P$。

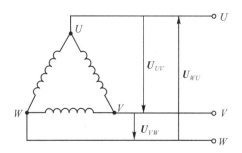

图 1.2.5　三相电源的三角形连接

三、三相负载的连接

三相交流电路中负载的连接方式有两种——星形连接和三角形连接,负载的连接方式由负载的额定电压而定。

1. 星形连接的负载

星形连接的三相负载,可分为有中性线的三相四线制和没有中性线的三相三线制。

(1)三相四线制

三相四线制电路如图 1.2.6(a)所示,此时负载的线电压与电源的线电压相等,负载的相电压与电源的相电压相等。

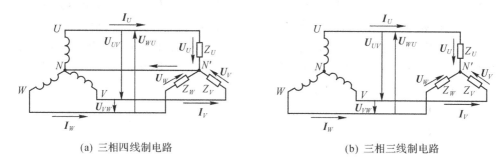

(a) 三相四线制电路   (b) 三相三线制电路

图 1.2.6　负载星形连接的电路

负载星形连接时,电路有以下基本关系,

①相电流等于相应的线电流。即 $I_P=I_I$。

②三相四线制电路中各相电流可分成三个单相电路分别计算,即

$$I_U=\frac{U_U}{Z_U}=\frac{U_U}{|Z_U|\angle\varphi_U}$$

$$I_V=\frac{U_V}{Z_V}=\frac{U_V}{|Z_V|\angle\varphi_V}$$

$$I_W=\frac{U_W}{Z_W}=\frac{U_W}{|Z_W|\angle\varphi_W}$$

其电压、电流向量图如图 1.2.7(a)所示。

若三相负载对称,即 $Z_U=Z_V=Z_W$ 时,相电流(或线电流)也是对称的,如图 1.2.6(b)所示。

显然,在对称情况下三相电路的计算可归结到一相来计算,即 $I_I=I_P=\dfrac{U}{|Z|}$。

③负载的线电压就是电源的线电压。在对称条件下,线电压是相电压的 $\sqrt{3}$ 倍,即

$$U_I=\sqrt{3}U_P$$

并且线电压超前于对应的相电压30°。

④中性线电流等于三个线(相)电流的向量和,图 1.2.7 电路中,根据基尔霍夫定律有 $I_N=I_U+I_V+I_W$,若负载对称,则 $I_N=0$。

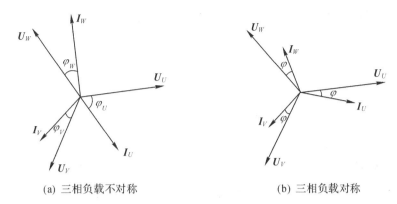

(a) 三相负载不对称　　　　　　　　　　(b) 三相负载对称

图 1.2.7　负载星形连接时的向量关系

（2）三相三线制

由于在对称系统中,中性线无电流,故可将中性线除去,而成为三相三线制系统。常用的三电动机、三相电炉等负载,在正常情况下是对称的,都可用三相三线制供电。

但是,如果三相负载不对称,中性线就会有电流,则中性线不能除去,否则会造成负载上三相电压严重不对称,使用电设备不能正常工作。教学楼中安装有照明电路、单相电动机、单相电炉等是不对称负载的实例。负载不对称而又没有中性线时,负载的相电压就不对称,势必引起有的相电压过高,有的又过低,使负载不能在额定状态下工作。这都是不容许的,故三相三线制一定要用于对称负载。

2.三角形连接的负载

如果将三相负载的首尾相联,再将三相连接点与三相电源端线 U、V、W 相接,即构成负载三角形连接的三相三线制电路,如图 1.2.8 所示。图中 Z_{UV},Z_{VW},Z_{WU} 分别是三相负载的复阻抗;各电量的参考方向按习惯标出。若忽略端线阻抗（$Z_I=0$）,则其具有以下基本关系:

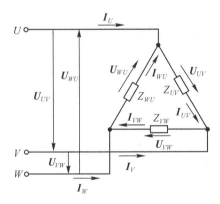

图 1.2.8　负载的三角形连接

（1）相电压等于相应的线电压。电压有效值关系为 $U_I=U_P$,因而不论负载对称与否,负载的相电压总是对称的。

（2）各相电流可分成三个单相电路分别计算，即

$$I_{UV}=\frac{U_{UV}}{Z_{UV}}=\frac{U_{UV}}{|Z_{UV}|\angle\varphi_{UV}}$$

$$I_{VW}=\frac{U_{VW}}{Z_{VW}}=\frac{U_{VW}}{|Z_{VW}|\angle\varphi_{VW}}$$

$$I_{WU}=\frac{U_{WU}}{Z_{WU}}=\frac{U_{WU}}{|Z_{WU}|\angle\varphi_{WU}}$$

其电压、电流的向量图如图 1.2.9(a)所示。

若负载对称，即 $Z_{UV}=Z_{VW}=Z_{WU}=Z$，则相电流也是对称的，如图 1.2.9(b)所示。显然，这时电路计算也可归结到一相来进行，即 $I_{UV}=I_{VW}=I_{WU}=I_P=\frac{U_P}{|Z|}$。

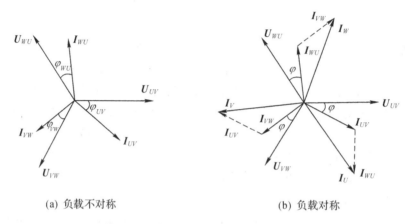

(a) 负载不对称 (b) 负载对称

图 1.2.9 负载三角形连接时的向量关系

（3）各线电流由两相邻相电流决定。在对称条件下，线电流是相电流的 $\sqrt{3}$ 倍，且滞后于相应的相电流 $30°$。

由图 1.2.9(b)可知，各线电流分别为：

$$I_U=I_{UV}-I_{WU};I_V=I_{VW}-I_{UV};I_W=I_{WU}-I_{VW}$$

负载对称时，可做向量图如图 4.11(b)所示。从图中不难得出：

$$\frac{1}{2}I_I=I_P\cos\frac{\pi}{6}=\frac{\sqrt{3}}{2}I_P$$

故 $I_I=\sqrt{3}I_P$。

由上述可知，在负载三角形连接时，相电压对称。若某一相负载断开，并不影响其他两相的工作。如 UV 相负载断开时，VW 和 WU 相负载承受的电压仍为线电压，接在该两相上的单相负载仍正常工作。

四、三相功率及功率因数

不论负载是星形连接或是三角形连接，总的有功功率必定等于各相有功功率之和，当负载对称时，每相的有功功率是相等的。因此三相总功率为：

$$P = 3P_P = 3U_P I_P \cos\varphi$$

其中,φ 是相电压 U_P 与相电流 I_P 之间的相位差。

当对称负载是星形连接时,$U_I = \sqrt{3} U_P$,$I_I = I_P$;当对称负载是三角形连接时,$U_I = U_P$,$I_I = \sqrt{3} I_P$。

不论对称负载是星形连接或是三角形连接,如将上述关系代入 $P = 3P_P = 3U_P I_P \cos\varphi$,则得:

$$P = \sqrt{3} U_I I_I \cos\varphi$$

应注意,上式中的 φ 仍为相电压 U_P 与相电流 I_P 之间的相位差。

因为线电压与线电流的数值容易测量,或者是已知的额定值,所以通常多应用 $P = \sqrt{3} U_I I_I \cos\varphi$ 来计算三相有功功率。

同理,可得出三相无功功率和视在功率分别为:

$$Q = 3U_P I_P \sin\varphi = \sqrt{3} U_I I_I \sin\varphi$$
$$S = 3U_P I_P = \sqrt{3} U_I I_I$$

五、三相电路的电量测量

1. 三相电路有功功率的测量

(1)对称三相四线制电路(一表法)

对称三相四线制电路中,每相功率都相同,只要测出其中一相的功率,乘以 3 就是三线电路的总有功功率。其中测一相有功功率接线法如图 1.2.10 所示。

(2)不对称三相四线制电路(三表法)

不对称三相四线制电路每相功率不等,可用三个单相功

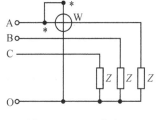

图 1.2.10　一表法

率表分别测出每相功率,其和为三相电路总有功功率。其测量线路如图 1.2.11(a)所示。本次技能训练中把电气实训柜中安装的 YD-STD2202 智能电力测控仪用来测量三相四线交流电路中的电流、电压、有功功率和功率因数,其接线方法如图 1.2.11(b)所示。

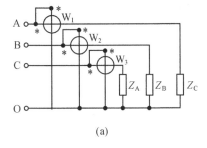

(a)

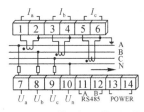

(b) YD2202的三相四线监测接线

图 1.2.11　三表法

(3)三相三线制电路(两表法)

两表法测三相三线制电路有功功率接线如图 1.2.12 所示。

图中:　　　$P_1 = U_{AC} I_A \cos\beta_1$;$P_2 = U_{BC} I_B \cos\beta_2$

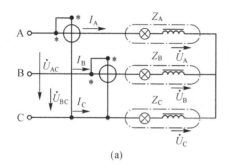

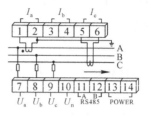

(a)   (b) YD2202的三相三线监测接线

图 1.2.12　两表法

式中：β_1 为 U_{AC} 与 I_A 的相位差；β_2 为 U_{BC} 与 I_B 的相位差。

设三相相电压瞬时值为 U_{AO}、U_{BO} 和 U_{CO}。各相电流瞬时值为 i_A、i_B 和 i_C，则

$$i_A + i_B + i_C = 0 \quad 即 \quad i_C = -(i_A + i_B)$$

所以，三相瞬时总功率为：

$$
\begin{aligned}
P &= U_{AO}i_A + U_{BO}i_B + U_{CO}i_C \\
&= U_{AO}i_A + U_{BO}i_B + U_{CO}\left[-(i_A + i_B)\right] \\
&= i_A(U_{AO} - U_{CO}) + i_B(U_{BO} - U_{CO}) \\
&= i_A U_{AC} + i_B U_{BC}
\end{aligned}
$$

即三相总平均功率为：

$$P_{平均} = U_{AC}I_A\cos\beta_1 + U_{BC}I_B\cos\beta_2 = P_1 + P_2$$

由此可知，两个功率表读数之和为三相总有功功率。

两表法测三相三线制电路有功功率的接线规则是：两表的电流支路串联接入任意两线，即通过电流线圈的是两个线电流；两表中电压支路的发电机端必须接到各自功率表电流线圈所在的那一线，而电压支路的非发电机端都接到没有接功率表的电流支路的第三线。

2.三相电路无功功率的测量

三相电路中测量无功功率是电厂中监视电网使用情况所必不可少的。无功功率表结构原理和有功功率表完全一样。下面介绍几种测量无功功率表的接线法。

(1)一表跨相90°法

一表跨相法测无功功率接线如图 1.2.13 所示，当三相电路完全对称时：

$$Q = 3U_XI_X\sin\varphi$$

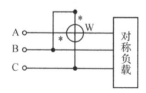

图 1.2.13　一表跨相 90°法

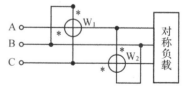

图 1.2.14　二表跨相 90°法

由图可知，单相有功功率表的指示为：

$$P = U_{BC} I_A \cos(90° - \varphi_A) = U_{AB} I_A \sin\varphi_A = \sqrt{3} U_X I_X \sin\varphi$$

所以　　　$Q = 3U_X I_X \sin\varphi = \sqrt{3}\sqrt{3} U_X I_X \sin\varphi = \sqrt{3} P$

即功率表读数的 $\sqrt{3}$ 倍就是总无功功率。

（2）二表跨相 90° 法

二表跨相法测无功功率接线如图 1.2.14 所示，两表读数之和的 $\sqrt{3}/2$ 就是三相电路的总无功功率。

（3）三表跨相 90° 法

三表跨相法测无功功率接线如图 1.2.15 所示，三只单相有功功率表读数的 $\sqrt{3}/3$ 就是三相电路的总无功功率。这种方法可用于电源电压对称而负载不对称时三相无功功率的测量。

（4）两表人工中点法

两表人工中点法测无功功率的接线如图 1.2.16 所示，图中附加电阻 R_G 等于两只单相功率表电压回路总电阻，并且 W_1 和 W_2 两表内阻也相等，以得到电位为零的人工中点。两表读数之和的 $\sqrt{3}$ 倍就是三相电路总无功功率。

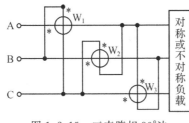

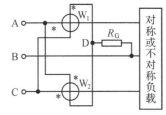

图 1.2.15　三表跨相 90° 法　　　　图 1.2.16　两表人工中点法

技能训练 2　中性线的作用以及对电量测量的影响

一、实训目的

（1）认识中性线的作用。

（2）了解中性线对电量测量的影响。

二、实训仪器与材料

电气实训柜 YD-STD2000 一套，插拔线若干。

三、实训内容与步骤

三相电的星形接法将各相电源或负载的一端都接在中性点上，可以将中性点引出作为中性线，形成三相四线制；也可以不引出，形成三相三线制。

1. 在确认实训柜电源输出部分的 A1P 开关断开的情况下，对实训柜中的交流电量智能数显表 YD-STD2202 按图 1.2.1 进行三相四线监测接线：

（1）连接 YD-STD2202 的三相电压采集回路（用四根插拔线一端插在电气实训柜电

源输出部分的 U_a、U_b、U_c、U_n 孔位,另一端插在电量测量单元 U_1 智能电力监测部分的 YD-STD2202 表对应的 U_a、U_b、U_c、U_n 孔位)。

(2)连接 YD-STD2202 的 A 相电流采集回路:

①用两根插拔线一端插在电气实训柜电源输出部分的 I_a^*、I_a 孔位,另一端对应插在电气实训柜电量测量单元 U_3 互感器部分的 CT_1 的 P_1、P_2 孔位。

②用两根插拔线一端插在电气实训柜电量测量单元 U_3 互感器部分的 $CT\Phi1$ 的 S_1、S_2 孔位,另一端插在电气实训柜电量测量单元 U_1 智能电力监测部分的 I_a^*、I_a 孔位。

③按上述②～③步骤连接电气实训柜电源输出部分的另两组电流输出 I_b、I_c。

(3)打开电气实训柜电源输出部分的 4P 开关和实训柜电量测量单元 U_1 智能电力监测的 1P 开关。

3.依次打开电气实训柜电源输出部分的 ABC 三个 1P 开关。

4.观察电气实训柜 U_1 智能电力监测部分的表面显示:电压、电流、功率因素、功率等电参量(必要时按表面下方按键 I、U、$\cos\varphi$ 和 E 轮显)。并把观测数据填入表 1.2.2。

5.断开电源,拔掉中性线(不接中性线)后再通电,重复步骤4,记录数据。分析 U_n 时对电能的影响。

表 1.2.2　实验数据记录

电量	三相四线(有中性线)			不接中性线		
	一次	二次	平均值	一次	二次	平均值
电压 U						
电流 I						
功率因素 $\cos\varphi$						
电能 E						

四、分析与思考

(1)中性线和零线有何不同?

(2)三相电的三角形接法中有无中性线?

 知识链接Ⅰ　　　"丫"三相四线供电系统中中线的作用

日常生活中,有时会遇到一个住宅小区,某一幢楼某单元的几十户停电了,而其他的住户供电正常,是哪里出现了故障?

由图 1.2.17 可看出,若 B 区负载短路,U 相保险丝熔断,而 V 相、W 相电压仍为 220V,这是由于存在中性线的缘故。所以,某一幢楼的某单元的几十户停电了,说明这几十户所在的那一相存在短路,而接在另外两相的其他住户还能正常供电。

可见,中性线的作用就是使星形连接的不对称负载的相电压对称。为了保证负载电压对称,即都等于额定电压 220V,就不能让中性线断开。因此,中性线(指干线)内一定不能接入熔断器或闸刀开关,而且还要经常定期检查、维修,预防事故发生。

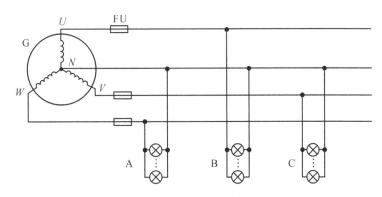

图 1.2.17　小区三相四线供电线路

 知识链接Ⅱ　　　　YD-STD2202 **智能电力测控仪的结构**

在前面的几个训练中,我们用 YD-STD2202 智能电力测控仪测量了单相和三相电网的几乎全部电参数。此外,它还可以与 YM-485 通信模块连接,实现 RS485 通信。还可与 YM-A20 模拟量输出模块、YM-K2 开关量模块和 YM-E2 脉冲模块等功能模块连接,分别实现变送输出,开关量输入、输出以及电能脉冲输出。

YD-STD2202 由测量、显示、控制、接口和电源等部分组成,硬件框图如图 1.2.18 所示。

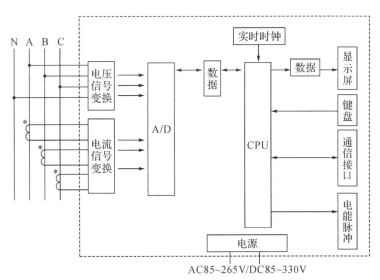

图 1.2.18　YD-STD2202 硬件

软件主要实现测量数据计算、内部参数计算、电能累加、最大值及其产生时间的记录、各部分的管理、异常情况的判断处理、人机界面等功能。软件框图如图 1.2.19 所示。

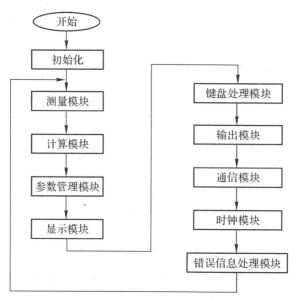

图 1.2.19　YD-STD2202 软件

为了提高系统的可靠性、稳定性，内部装有高稳定度基准源、温度监测及采用软硬件冗余等容错技术；为了提高整机的抗干扰能力，采取了多项电磁兼容保护措施，确保在恶劣的工作环境下也能安全工作。

模块二
互感器及变送器

任务一 电压互感器的认识及使用

技能训练1 认识电压互感器及其同名端判别和接线方式

一、实训目的

(1)认识电压互感器,掌握互感器同名端的含义。

(2)熟悉互感器的两种不同判别方法。

(3)掌握电压互感器的各种不同接线方式。

(4)掌握常用电压互感器的接法。

二、实训仪器与材料

综合实训框 YD-STD2000 1 套,电压互感器 JDZ-10 1 台,插拔导线若干。

三、实训内容与步骤

(1)认识电压互感器(图片展示):低压电压互感器和高压电压互感器(10kV、35kV、110kV),接线原理如图 2.1.1 所示。

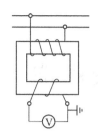 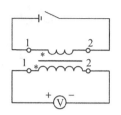

图 2.1.1 电压互感器接线原理   图 2.1.2 同名端判别

(2)抄写电压互感器的铭牌数据。

(3)互感器同名端的判别。用直流电压表(指针式)检测同名端,以电流互感器 CT 为例,如图 2.1.2 所示。将直流电压表接在互感器二次输出绕组上;然后将一节 1.5V 干电池的正极固定在电流互感器的一次输出导线上;再用干电池的负极去"点"电流互感器的一次输入导线,这样在互感器一次回路就会产生一个 +(正)脉冲电流;若直流电压表正弦偏移,则图中同名端标识正确;若反向偏转,则图中的同名端反之。

(4)电压互感器接法:按照图 2.1.3 所示要求进行接线,并记录数值和标准值进行比较。

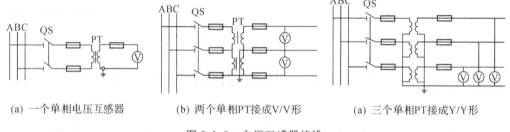

(a) 一个单相电压互感器   (b) 两个单相PT接成V/V形   (a) 三个单相PT接成Y/Y形

图 2.1.3 电压互感器接线

四、思考与分析

(1)如何用交流法来判断电压互感器的同名端?

(2)工程上常用的电压互感器接法是哪一种?

(3)高、低压电压互感器有什么区别?

(4)电压互感器的二次侧为什么要接地?

技能训练2 电压互感器变比的测试

一、实训目的

(1)掌握电压互感器变比的测试方法。

(2)熟悉电压互感器的工作原理。

(3)了解技术指标。

二、实训仪器与材料

综合实训柜 YD-STD2000 1 套,电压互感器 JDZ-10 3 台,万用表 MF47 20 个,导线 BV-1.0 若干。

三、实训内容与步骤

1. 电压互感器送电前的检查

电压互感器送电前应进行绝缘电阻检查,并使用相应等级的兆欧表进行测量。

2. 电压互感器变比的测试

电压互感器(俗称 PT),其二次侧电压一般为 100V,测试时可在电压互感器的一次侧加 380V 电压,用万用表在其二次侧应测出 100V 的电压。按图 2.1.3(b)图接好线后,在一次侧通入表 2.1.1 所示电压,分别测量二次侧电压,记录数据于表 2.1.1 后进行相关计算。

表 2.1.1　电压互感器变比记录

序号	1	2	3	4
一次侧电压(V)	50	100	220	380
二次侧电压(V)				
变比 K				

四、思考与分析

(1)如何判断电压互感器的质量?
(2)电压互感器的技术指标有哪些?

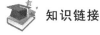　知识链接　　　　　　　电压互感器

仪用互感器是专供电工测量和自动保护的装置,使用仪用互感器的目的在于扩大测量表的量程,为高压电路中的控制设备及保护设备提供所需的低电压或小电流并使它们与高压电路隔离,以保证安全。仪用互感器包括电压互感器和电流互感器两种。

电压互感器的副边额定电压一般设计为标准值 100V,以便统一电压表的表头规格。其接线如图 2.1.4(b)所示。

电压互感器原、副绕组的电压比也是其匝数比为:

$$\frac{U_1}{U_2}=\frac{N_1}{N_2}=K_U$$

若电压互感器和电压表固定配合使用,则从电压表上可直接读出高压线路的电压值。使用时应当注意:①电压互感器副边不允许短路,因为短路电流很大,会烧坏线圈,为此应在高压边将熔断器作为短路保护。②电压互感器的铁芯、金属外壳及副边的一端都必须接地,否则万一高、低压绕组间的绝缘损坏,低压绕组和测量仪表对地将出现高电压,这

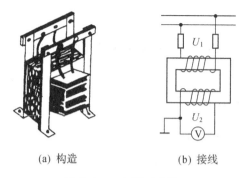

(a) 构造　　　　　　(b) 接线

图 2.1.4　电压互感器

对工作是非常危险的。

1.电压互感器的基本结构原理和接线方案

电压互感器的基本结构原理如图 2.1.5 所示。

2.电压互感器的类型和型号

图 2.1.6 所示是应用广泛的 JDZJ-10 型单相三绕组、环氧树脂浇注绝缘的户内电压互感器外形图。

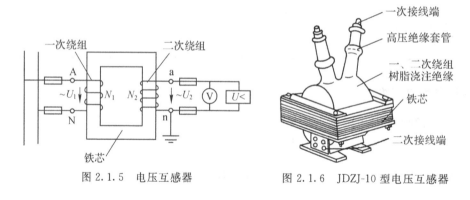

图 2.1.5　电压互感器　　　　　图 2.1.6　JDZJ-10 型电压互感器

任务二　电流互感器的认识及使用

技能训练 1　电流互感器与电流试验型端子开路报警试验

一、实训目的

(1)掌握电流试验型端子的判别。

(2)熟悉电流试验端子开路试验方法。

(3)了解相关技术指标。

二、实训仪器与材料

综合实训柜 YD-STD2000 1 套,多功能数显表 YD-STD2202 1 个,插拔导线 BV-1.5 若干。

三、实训内容与步骤

(1)电流互感器的认识(图片展示),测量变比。CT 二次侧电流一般为 1A/5A,按图 2.2.1 进行接线,在一次侧通入电流,测量二次侧的电流值,记录到表 2.2.1,并进行相关计算。

表 2.2.1　电流互感器变比记录表

序号	1	2	3	4
一次侧电流(A)	5	10	15	20
二次侧电流(A)				
变比 K				

(2)试验端子的认识及使用,观察试验端子和普通端子的区别。

(3)按给定图 2.2.2 进行接线,试验过程中先短接试验端子,然后外接一台电流互感器过电压保护器 ER-CTB-3,在电源侧逐渐加大电压,观测电流互感器电压保护器的工作情况,记录有关数据,进行分析判断。

(4)合上电源开关,断开试验端子,判断 YD-STD2202 是否动作,是否有报警。

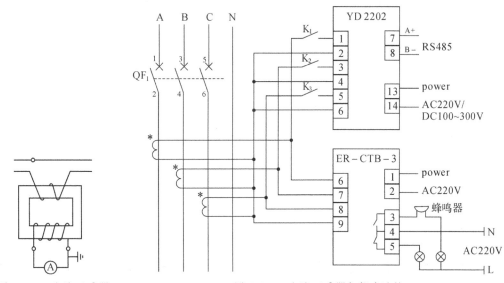

图 2.2.1　电流互感器　　　　图 2.2.2　电流互感器与仪表连接

四、思考与分析

(1)电流互感器电压保护器的作用是什么?

(2)试验端子和普通端子的区别在哪里?

(3)端子的类型有哪些?

技能训练 2 电流互感器的星形连接训练

一、实训目的

(1)掌握电流互感器的星形连接方法。
(2)熟悉电流互感器的作用。
(3)了解相关技术指标。

二、实训仪器与材料

综合实训柜 YD-STD2000 1 套,多功能数显表 YD-STD2202 1 个,插拔导线 BV-1.5 若干。

三、实训内容与步骤

(1)电流互感器接法:对照图纸完成图 2.2.3 的接线,在图 2.2.4 一次侧通入负载电流,观察电流表的读数。

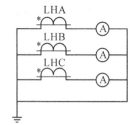
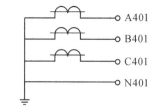

图 2.2.3 互感器与电流表的连接   图 2.2.4 互感器与端子的连接

(2)按给定的图纸进行接线,阅读教师给定的实际工程图纸。

四、思考与分析

(1)实训室负载较小,如何得到较大的电流?
(2)电流互感器是如何进行二次编号的?

技能训练 3 电流互感器的不完全星形连接(V 形)训练

一、实训目的

(1)掌握电流互感器的不完全星形连接(V 形)方法。
(2)熟悉电流互感器的不完全星形连接(V 形)工作原理。
(3)了解相关技术指标。

二、实训仪器与材料

万用表 MF47 1 套,漏电流互感器 ZCT63 1 台,插拔导线 BV-1.5 若干。

三、实训内容与步骤

（1）按给定的图 2.2.5 进行接线，并和相关的电流表连接在一起，同时把电流值接入到电度表中。

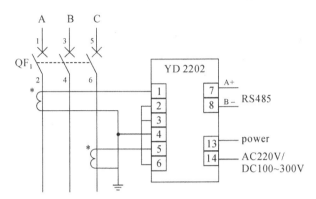

图 2.2.5 互感器与智能电流表的连接

（2）合上空气开关 QF₁，用钳形电流表测量电流互感器一次侧的电流值，记录电流表的电流值，根据互感器的变比，计算实际变比测量值并进行比较。

四、思考与分析

（1）为什么电源侧只需要两只电流互感器？

（2）电流表如何实现远程连接？

技能训练 4 三相电的相位关系、电流互感器接乱的功率变化

一、实训目的

（1）认识三相电的相位。

（2）了解电流互感器接乱对功率的影响。

二、实训仪器与材料

综合实训柜 YD-STD2000 1 套，多功能数显表 YD-STD2202 1 台，万用表 MF47 1 套，导线 BV-1.0 若干。

三、实训内容与步骤（三相四线）

1.在确认实训柜电源输出部分的 A1P 开关断开的情况下，对实训柜中的交流电量智能数显表 YD-STD2202 按图 2.2.2 进行三相四线监测接线：

（1）连接 YD-STD2202 的三相电压采集回路用四根插拔线一端插在电气实训柜电源

输出部分的 U_a、U_b、U_c、U_n 孔位,另一端插在电量测量单元 U_1 智能电力监测部分的 YD-STD2202 表对应的 U_a、U_b、U_c、U_n 孔位。

（2）连接 YD-STD2202 的 A 相电流采集回路：

①用两根插拔线一端插在电气实训柜电源输出部分的 I_a^*、I_a 孔位,另一端对应插在电气实训柜电量测量单元 U_3 互感器部分的 CT_1 的 P_1、P_2 孔位。

②用两根插拔线一端插在电气实训柜电量测量单元 U_3 互感器部分的 CT_1 的 S_1、S_2 孔位,另一端插在电气实训柜电量测量单元 U_1 智能电力监测部分的 I_a^*、I_a 孔位。

③按上述①、②步骤连接电气实训柜电源输出部分的另两组电流输出 I_b、I_c。

2.打开电气实训柜电源输出部分的 4P 开关。

3.打开电气实训柜电量测量单元 U_1 智能电力监测的 1P 开关。

4.依次打开电气实训柜电源输出部分的 ABC 3 个 1P 开关。

5.观察电气实训柜 U_1 智能电力监测部分的表面显示:电压、电流、功率因素、功率等电参量(必要时按表面下方按键 I、U 和 F 轮显);记录数据于表 2.2.2 中。

6.将 CT_1 输出 S_1、S_2 孔接到 U_1 智能电力监测部分 I_b;CT_2 输出 S_1、S_2 孔接到 U_1 智能电力监测部分 I_c;CT_3 输出 S_1、S_2 孔接到 U_1 智能电力监测部分 I_a,记录数据和正确接线各个电参量的变化。

7.实验数据记录:U、I、$\cos\varphi$、P。

表 2.2.2　实验数据记录

	电压 U(V)	电流 I(A)	功率因素 $\cos\varphi$	有功功率 P(W)
A 相				
B 相				
C 相				

$P=UI\cos\varphi$

三、分析与思考

试将三相三线相序接错,查看 U_1 智能电力监测部分的大表显示:U、I、$\cos\varphi$、P 等电参量与三相四线有何不同？

 知识链接　　　　　　　　电流互感器

一、常规电流互感器

1.电流互感器的结构

电流互感器是用来将大电流变为小电流的特殊变压器,它的副边额定电流一般设计为标准值 5A,以便统一电流表的表头规格。其接线如图 2.2.6(b)所示。

电流互感器的原、副绕组的电流比仍为匝数的反比,即:$I_1/I_2=N_2/N_1=1/K_u$

若安培表与专用的电流互感器配套使用,则安培表的刻度就可按大电流电路中的电

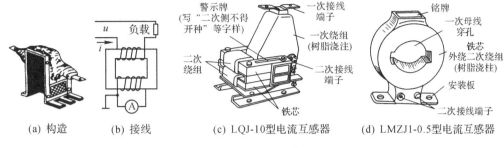

图 2.2.6　电流互感器

流值标出。使用时应当注意：

(1)电流互感器的副边不允许开路。

(2)副边电路中装拆仪表时,必须先使副绕组短路,而且在副边电路中不允许安装保险丝等保护设备。

(3)电流互感副绕组的一端以及外壳、铁芯必须同时可靠接地。

2.电流互感器的类型和型号

图 2.2.6(c)所示是户内高压 LQJ-10 型电流互感器的外形图,2.2.6(d)所示是户内低压 LMZJ1-0.5 型(500~800/5A)电流互感器的外形图。

二、电流互感器过电压保护器 ER-CTB 系列的使用

1.产品概述

电流互感器(CT)在电力系统中,广泛应用于一次测量与控制。正常工作时,电流互感器二次侧处于近似短路状态,输出电压很低。在运行中,如果二次绕组开路,或一次绕组流过异常电流(如雷电流、谐振过电流、电容充电电流、电感启动电流等),都会在二次侧产生数千伏甚至上万伏的过电压。这不仅给二次系统绝缘造成危害,还会使互感器过激而烧损,甚至危及工作人员的生命安全。如果使用 ER-CTB 系列电流互感器过电压保护器,就能够有效地防止因电流互感器二次开路引起的事故。

2.主要用途

ER-CTB 保护器主要用于各种 CT 二次侧的异常过电压保护。保护器接于二次绕组两端,正常运行时漏电极小,成高阻状态。当发生异常过电压时,保护器迅速动作而短路,面板上显示故障的部位,并有无源信号输出。当故障排除,电路恢复原状后,又重新投入正常运行工作。

ER-CTB 保护器应用于 CT 二次侧的差动绕组、过流绕组、测量绕组、母线保护绕组、备用绕组等。

3.技术指标

ER-CTB 保护器主要技术指标如表 2.2.3 所示。

表 2.2.3　ER-CTB 保护器主要技术指标

正常漏电流		$<$1mA
导通电压 U_c		150V±10%
导通时间 T_s		50ms≤T_s≤250ms
遥信断电器接点容量		AC 220V/5A
保护继电器接点容量		AC 220V/15A
使用的 CT 规格		二次侧峰值大于 150V
保护电流		≥5A
工作环境	温度	−20℃～70℃
	湿度	≤95%RH
复位方式		按压"复位"按钮;自动"复位"
抗震性能		10-50-10Hz　2g　3min
抗干扰		4.4kV/M
外形尺寸	ER-CTB-1	48mm×48mm×90mm
	ER-CTB-(4～6)	145mm×90mm×73mm
耐压		2kV　50Hz　1min
安装方式		面板式、导轨式或固定式安装

4. 系列产品型号

ER-CTB 保护器的型号如表 2.2.4 所示。

表 2.2.4　ER-CTB 型号

绕组数	型号
1	ER-CTB-1
4	ER-CTB-4
4	ER-CTB-4A
6	ER-CTB-6
6	ER-CTB-6A
9	ER-CTB-9
12	ER-CTB-12

5. 主要功能

(1)正常工作时,流入保护器的电流不超过 0.1mA,不影响 CT 正常工作。

(2)当 A(或 B、C)、N 两端电压超过 150V 时 ER-CTB 短接 A(或 B、C、N)。

(3)继电器的接点容量大于 15A,所以故障时,能使 CT 二次侧可靠短路。

(4)继电器接点具有保持功能,按压"复位"按钮,才能解除保护。

(5)若是在停电状态下解除了故障,掉电后装置自动复位。

（6）装置提供一对常开接点和一对常闭接点,可接各种声光报警器或提供给综合保护装置使信息远传。当保护动作时,常开闭合,常闭打开,接线方式如图2.2.7所示。

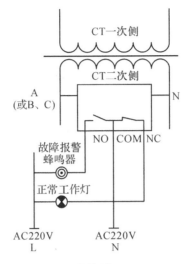

图 2.2.7　接线图

6.型号含义

7.接线原理

一般情况下,互感器均连接在 A、B、C 三相上,少数连接在两相上,个别连接在一相上。绝大多数均为星形连接,少数三角形连接。本产品电流互感器保护器为二次绕组星形连接。二次绕组 A、B、C 对应连接在保护器为 A、B、C 接线端子上。A、B、C 三相二次中心点(虚地 N)连接在保护器的"N"接线端子上。若只用 A、B 绕组,C 相可以不接,不会影响保护器正常工作。如图2.2.8所示。

(a) ER-CTB-1 原理图

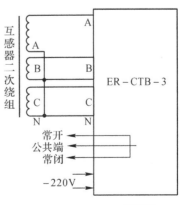

(b) ER-CTB-3 原理图

图 2.2.8　接线原理

交流 220V 50Hz 电源接入保护器供内部电器元件用。三根无源信号线引出供用户使用。外接交流或直流均可。例如,公共端与常闭线连接绿色信号灯,亮灯时表示保护器正常工作。公共端和常开线连接"红色"灯或报警器,工作时表示保护器检测到某二次绕组有开路故障。

任务三　变送器的认识及使用

技能训练 1　用变送器测量交流电压

一、实训目的

1.掌握变送器的类型。

2.熟悉变送器的工作原理。

3.了解相关技术指标。

二、实训仪器与材料

综合实训柜 YD-STD2000 1 套,电压变送器 YDD-U 1 台,插拔导线 BV-1.5 若干。

三、实训内容与步骤

(1)认识变送器。对照实物认识电压变送器,通过图片认识其他类型的变送器,如温度变送器、压力变送器、流量变送器等。

(2)按给定的图 2.3.1 进行接线,检查无误后,送电测试,调节调压器的电压值,观察输出电流值的变化。

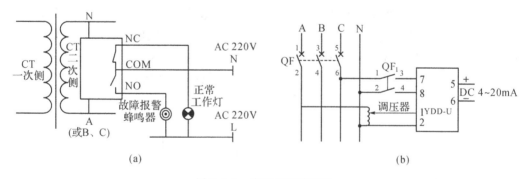

图 2.3.1　变送器及其接线

四、思考与分析

(1)常用的变送器类型有哪些?

(2)变送器和互感器的区别在哪里?

技能训练 2　用传感器测量直流电流

一、实训目的

(1)掌握电流试验型端子的判别。

(2)熟悉电流试验端子开路试验方法。

(3)了解相关技术指标。

二、实训仪器与材料

综合实训柜 YD-STD2000 1 套,霍尔电流传感器 YDG-HTD-4 1 台,插拔导线 BV-1.5 若干。

三、实训内容与步骤

按给定的图 2.3.2 进行接线,调好直流电源,合上开关,用万用表测量传感器 1、2 脚的电压值,并通过电流表观察电流值。

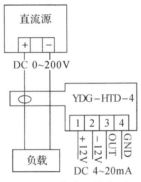

图 2.3.2　传感器接线原理

四、思考与分析

(1)霍尔电流传感器是如何工作的?

(2)请简述温度传感器的工作原理。

　知识链接　　　　　　　　变送器

一、变送器概述

变送器(Transmitter),顾名思义,含有“变”和“送”之意。所谓“变”,是指将各种从传感器来的物理量,转变为一种电信号。比如,利用热电偶,将温度转变为电势;利用电流互感器,将大电流转换为小电流。由于电信号最容易处理,所以,现代变送器,均将各种物理信号,转变成电信号。因此,我们说的变送器,通常都变成了“电”。所谓“送”,是指为了便于其他仪表或控制装置接收和传送,将各种已变成的电信号又一次通过电子线路,将传感

器来的电信号统一化(比如 4～20mA)。其方法是通过多个运算放大器来实现的。这种"变"+"送",就组成了现代最常用的变送器。比如,SST3-AD 就是一种将电流互感器的输出电流,转变成标准的 4～20mA 的电流变送器;再比如,SST4-LD 可以将重量传感器来的重量信号,转变成标准的 4～20mA 的重量变送器。

二、电流变送器的原理

电流变送器能够直接将被测主回路交流电流转换成按线性比例输出的 DC 4～20mA(经过 250Ω 电阻转换 DC 1～5V 或经过 500Ω 电阻转换 DC 2～10V)恒流环规范信号,连续保送到接纳安装(计算机或显现仪表)。

电流变送器原副边高度绝缘隔离,两线制输出接线,辅助工作电源＋24V 与输出信号线 DC 4～20mA 共用,具有精度高、体积小、功耗小、频响宽、抗干扰等功能,两线端口防感应雷能力强,具有雷击波和突波的维护能力等优点。其特别适用发电机、电动机、智能低压配电柜、空调、风机、路灯等负载电流的智能监控系统;电流变送器超低功耗,单只静态时为 0.096W,满量程功耗为 0.48W,输出电流内部限制功耗为 0.6W。

三、传感器和变送器的区别

传感器是可以受规则的被丈量并依照一定的规律转换成可用输出信号的器件或安装的总称,通常由敏感元件和转换元件组成。当传感器的输出为规则的规范信号时,则称为变送器。

变送器的概念是将非规范电信号转换为规范电信号的仪器,传感器则是将物理信号转换为电信号的器件,过去常讲物理信号,如今其他信号也有了。一次仪表是指现场丈量仪表或基地控制表;二次仪表是指应用一次仪表信号完成其他功用,诸如控制、显示等功用的仪表。

传感器和变送器本是热工仪表的概念。传感器是把非电物理量如温度、压力、液位、物料、气体特性等转换成电信号或把物理量如压力、液位等直接送到变送器。变送器则是把传感器采集到的微小的电信号放大以便转送或启动控制元件;或将传感器输入的非电量转换成电信号同时放大以便供远方丈量和控制的信号源。依据需求不同,还可将模拟量变换为数字量。传感器和变送器一同构成自动控制的监测信号源。不同的物理量要求不同的传感器和相应的变送器。还有一种变送器不是将物理量变换成电信号,如一种锅炉水位计的"差压变送器",它是将液位传感器里的下部的水和上部蒸汽的冷凝水经过仪表管送到变送器的波纹管两侧,以波纹管两侧的差压带动机械指针指示水位的一种远方仪表。当然,还有把电气模拟量变换成数字量的,也能够叫变送器。以上只是从概念上阐明传感器和变送器的区别。

4～20mA.DC(1～5V.DC)信号制是国际电工委员会(IEC)规定的过程控制系统用模拟信号标准。我国从 DDZ-Ⅲ型电动仪表开始采用这一国际标准信号制,仪表传输信号采用4～20mA.DC,联络信号采用1～5V.DC,即采用电流传输、电压接收的信号系统。

现场仪表可实现两线制,所谓两线制即电源、负载串联在一起,有一公共点,而现场变送器与控制室仪表之间的信号联络及供电仅用两根电线。因为信号起点电流为 4mA.

DC,为变送器提供了静态工作电流,同时仪表电气零点为 4mA.DC,不与机械零点重合,这种"活零点"有利于识别断电和断线等故障。而且两线制还便于使用安全栅,利于安全防爆。控制室仪表采用电压并联制信号传输,同一个控制系统所属的仪表之间有公共端,便于与检测仪表、调节仪表、计算机、报警装置配用,并方便接线。

现场仪表与控制室仪表之间的联络信号采用 4～20mA.DC 的理由是:因为现场与控制室之间的距离较远,连接电线的电阻较大,如果用电压源信号远传,由于电线电阻与接收仪表输入电阻的分压,将产生较大的误差,而用恒电流源信号作为远传,只要传送回路不出现分支,回路中的电流就不会随电线长短而改变,从而保证了传送的精度。

控制室仪表之间的联络信号采用 1～5V.DC 的理由是:为了便于多台仪表共同接收同一个信号,并有利于接线和构成各种复杂的控制系统。如果用电流源作联络信号,当多台仪表共同接收同一个信号时,它们的输入电阻必须串联起来,这会使最大负载电阻超过变送仪表的负载能力,而且各接收仪表的信号负端电位各不相同,会引起干扰,而且不能做到单一集中供电。采用电压源信号联络,与现场仪表的联络用的电流信号必须转换为电压信号,最简单的方法就是:在电流传送回路中串接一个 250Ω 的标准电阻,把 4～20mA.DC 转换为 1～5V.DC,通常由配电器来完成这一任务。

相关标准:

IEC 60381－1:1982 过程控制系统用模拟信号 第 1 部分:直流电流信号

IEC 60381－2:1978 过程控制系统用模拟信号 第 2 部分:直流电压信号

下面简要介绍国际电工委员会。

国际电工委员会(International Electro technical Commission,IEC)成立于 1906 年,是世界上成立最早的非政府性国际电工标准化机构,负责有关电工、电子领域的国际标准化工作。

IEC 的宗旨是,促进电气、电子工程领域中标准化及有关问题的国际合作,增进国际间的相互了解。为实现这一目的,IEC 出版包括国际标准在内的各种出版物,并希望各成员在本国条件允许的情况下,在本国的标准化工作中使用这些标准。

目前 IEC 成员包括了绝大多数的工业发达国家(或地区)及一部分发展中国家(或地区)。这些国家拥有世界人口的 80%,其生产和消耗的电能占全世界的 95%,制造和使用的电气、电子产品占全世界产量的 90%。IEC 标准的权威性是世界公认的。IEC 每年要在世界各地召开 100 多次国际标准会议,世界各国的近 10 万名专家在参与 IEC 的标准制订、修订工作。我国于 1957 年成为 IEC 的执委会成员。

四、霍尔直流电流变送器

1.概述及主要技术指标

YDG-HTD-4-200Adc 霍尔直流电流变送器是针对霍尔效应变送器普遍存在温度漂移大的缺点,采用补偿电路进行控制,有效地减少了温度漂移对测量精度的影响,确保测量准确,具有精度高、安装方便、售价低的特点。

YDG 系列霍尔效应变送器广泛应用于逆变装置、UPS 电源、通信电源、电焊机、电力机车、变电站、数控机床、电解电镀、微机监测、电网监控等需要隔离检测电流的设施中。

◇外形尺寸(External Dimensions):(73±0.5)mm×(27±0.5)mm×(77±0.5)mm

◇精度等级(Accuracy)：±1.0%

◇输入电流(Input Current)：DC 0～200A

◇输出参数(Output)：DC 4～20mA

◇输出负载(Output Load)：≤650Ω

◇响应时间(Response Time)：<400ms

◇工作电源(Power Supply)：DC 24V±10%

◇电源功耗(Power Consumption)：<1VA

◇工频耐压(Working Frequency Withstand Voltage)：AC 3kV/min. 1mA

◇工作环境(Working Condition)：0℃～45℃,20%RH～95%RH 无凝露 No Condensation

2.霍尔电流电压传感器、变送器的基本原理与使用方法

(1)霍尔器件

霍尔器件是一种采用半导体材料制成的磁电转换器件。如果在输入端通入控制电流 I_C，当有一磁场 B 穿过该器件感磁面时,则在输出端出现霍尔电势 V_H。如图 2.3.3 所示。

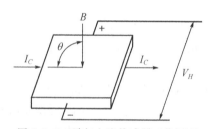
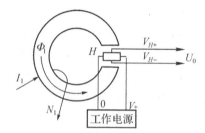

图 2.3.3　霍尔电流传感器工作原理　　　图 2.3.4　霍尔直接检测原理

霍尔电势 V_H 的大小与控制电流 I_C 和磁通密度 B 的乘积成正比,即: $V_H = K_H I_C B \sin\theta$ 霍尔电流传感器是按照安培定律原理做成的,即在载流导体周围产生一正比于该电流的磁场,而霍尔器件则用来测量这一磁场。因此,使电流的非接触测量成为可能。通过测量霍尔电势的大小间接测量载流导体电流的大小。因此,电流传感器经过了电—磁—电的绝缘隔离转换。

(2)霍尔直流检测原理

如图 2.3.4 所示。由于磁路与霍尔器件的输出具有良好的线性关系,因此霍尔器件输出的电压讯号 U_0 可以间接反映出被测电流 I_1 的大小,即: $I_1 \propto B_1 \propto U_0$

我们把 U_0 定标为当被测电流 I_1 为额定值时, U_0 等于 50mV 或 100mV。这就制成了霍尔直接检测(无放大)电流传感器。

(3)霍尔磁补偿原理

原边主回路有一被测电流 I_1,将产生磁通 Φ_1,被副边补偿线圈通过的电流 I_2 所产生的磁通 Φ_2 进行补偿后保持磁平衡状态,霍尔器件则始终处于检测零磁通的作用。所以称为霍尔磁补偿电流传感器。这种先进的原理模式优于直检原理模式,突出的优点是响应时间快和测量精度高,特别适用于弱小电流的检测。霍尔磁补偿原理如图 2.3.5 所示。

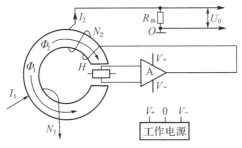

图 2.3.5 霍尔磁补偿原理

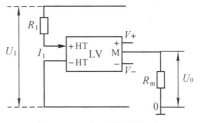

图 2.3.6 电压传感器原理

从图 2.3.5 可知：

$$\Phi_1 = \Phi_2$$

$$I_1 N_1 = I_2 N_2$$

$$I_2 = N_1 / N_2 \cdot I_1$$

当补偿电流 I_2 流过测量电阻 R_m 时，在 R_m 两端转换成电压，作为传感器测量电压 U_0，即：$U_0 = I_2 R_m$ 按照霍尔磁补偿原理制成了额定输入同一系列规格的电流传感器。首先，由于磁补偿式电流传感器必须在磁环上绕成千上万匝的补偿线圈，因而成本增加。其次，工作电流消耗也相应增加；但它却具有直检式不可比拟的较高精度和快速响应等优点。

（4）磁补偿式电压传感器

为了测量 mA 级的小电流，根据 $\Phi_1 = I_1 N_1$，增加 N_1 的匝数，同样可以获得高磁通 Φ_1。采用这种方法制成的小电流传感器不但可以测 mA 级电流，而且可以测电压。与电流传感器所不同的是在测量电压时，电压传感器的原边多匝绕组通过串联一个限流电阻 R_1，然后并联连接在被测电压 U_1 上，得到与被测电压 U_1 成比例的电流 I_1，如图 2.3.6 所示。

副边原理同电流传感器一样。当补偿电流 I_2 流过测量电阻 R_m 时，在 R_m 两端转换成电压作为传感器的测量电压 U_0，即 $U_0 = I_2 R_m$。

（5）电流传感器的输出

直接检测式（无放大）电流传感器为高阻抗输出电压，在应用中，负载阻抗要大于 $10k\Omega$，通常都是将其 $\pm 50mV$ 或 $100mV$ 悬浮输出电压用差动输入比例放大器放大到 $\pm 4V$ 或 $\pm 5V$。如图 2.3.7 所示是两个实用差动比例/放大器的电路，供参考。

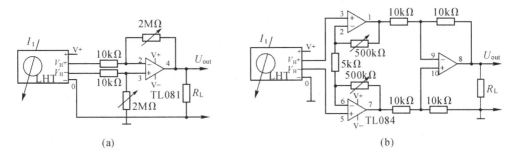

(a)　　　　　　　　　　　　　　(b)

图 2.3.7　实用差动比例放大器

图 2.3.7(a)图可满足一般精度要求；图 2.3.7(b)图性能较好，适用于精度要求高的场合。直检放大式电流传感器为高阻抗输出电压。在应用中，负载阻抗要大于 $2k\Omega$。磁

补偿式电流、电压磁补偿式电流、电压传感器均为电流输出型。从图 2.3.7 看出,"M"端对电源"O"端为电流 I_2 的通路。因此,传感器从"M"端输出的信号为电流信号。电流信号可以在一定范围远传,并能保证精度。使用中,测量电阻 R_m 只需设计在二次仪表输入或终端控制板接口上。为了保证高精度,测量时要注意:①测量电阻的精度选择,一般选金属膜电阻,精度 $\leqslant \pm 0.5\%$;②二次仪表或终端控制板电路输入阻抗应大于测量电阻100 倍以上。

(6)取样电压与测量电阻的计算

从前面公式可知:

$$U_0 = I_2 R_m$$

$$R_m = U_0 / I_2$$

式中:U_0 为测量电压,又叫取样电压(V);I_2 为副边线圈补偿电流(A);R_m 为测量电阻(Ω)。

计算时,I_2 可以从磁补偿式电流传感器技术参数表中查出与被测电流(额定有效值)I_1 相对应的输出电流(额定有效值)I_2。假如要将 I_2 变换成 $U_0 = 5V$。

(7)饱和点与最大被测电流的计算

从图 2.3.9 可知输出电流 I_2 的回路是:$V_+ \to$ 末级功放管集射极 $\to N_2 \to R_m \to 0$,回路等效电阻如图 2.3.8 所示($V_- \sim 0$ 的回路相同,电流相反)。

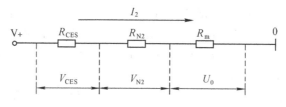

图 2.3.8　I_2 回路的等效电阻

当输出电流 I_2 为最大值时,电流值不再跟着 I_1 的增加而增加,我们称为传感器的饱和点。按下式计算:

$$I_{2max} = V_+ - V_{CES} / R_{N2} + R_m$$

式中:V_+ 为正电源(V);V_{CES} 为功率管集射饱和电压(V),一般为 0.5V;R_{N2} 为副边线圈直流内阻(Ω),详见表,1-2;R_m 为测量电阻(Ω)。

从计算可知,改变测量电阻 R_m,饱和点随之也改变。当被测电阻 R_m 确定后,也就有了确定的饱和点。根据下式计算出最大被测电流 I_{1max},即 $I_{1max} = I_1 / I_2 \cdot I_{2max}$,在测量交流或脉冲时,当 R_m 确定后,要计算出最大被测电流 I_{1max},如果 I_{1max} 值低于交流电流峰值或低于脉冲幅值,将会造成输出波形削波或限幅现象,此种情况可通过将 R_m 选小一些来解决。

(8)磁补偿式电压传感器说明与举例

LV50-P 型电压传感器原边与副边抗电强度 $\geqslant 4000$ VRMS(50Hz,1min),用以测量直流、交流、脉冲电压。在测量电压时,根据电压额定值,在原边 $+$HT 端串一限流电阻,即被测电压通过电阻得到原边电流 $U_1 / R_1 = I_1$,$R_1 = U_1 / 10mA$(kΩ),电阻的功率要大于计算值 2~4 倍,电阻的精度 $\leqslant \pm 0.5\%$。

模块三
测控单元

1. 学会用电子式电能表测量电量。
2. 学会分析判断电能表接线故障。
3. 学会用智能电力测控仪测量电参数。
4. 掌握远程测控系统的结构和原理。

任务一 电子式电能表的安装与使用

▷能力目标

1. 学会正确安装单相电能表、三相电能表。
2. 学会使用电子式电能表测量电量。
3. 学会分析电能表接线故障并排除。

▷知识目标

掌握电子式电能表的工作原理。

技能训练1 单相电能表的安装与使用

一、实训目的

认识单相电能表直接计量接线、经互感器接线电路的安装与使用。

二、实训仪器与材料

单相电能表 DDS3366 1 个,互感器 CT18 1 台,灯泡 220V 100W 2 只,导线若干。

三、项目实训内容与步骤

1.单相电能表直接计量接线

按图3.1.1接线,检查后试通电测量电量。电源端、负荷端的零线分别接不同的接线孔,当电源端上的零线断开时,电能表停走,用户用电亦终止。

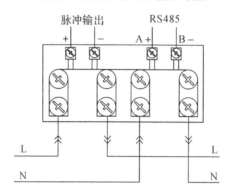

图3.1.1　单相电能表直接计量接线

2.单相电能表经互感器接线

选择合适的电流互感器,按图3.1.2接线,检查后通电检验。

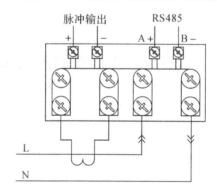

图3.1.2　单相电能表经互感器接线

四、分析与思考

(1)简述电子式单相电能表的结构和工作原理。

(2)简述电流互感器接线需注意的事项。

技能训练 2　三相电能表的安装与使用

一、实训目的

认识三相电能表直接计量接线、经互感器接线电路的安装与使用。

二、实训仪器与材料

三相电能表 DTSD3366 1 个,互感器 CT18 1 台,灯泡 220V 100W 3 只,导线若干。

三、项目实训内容与步骤

1.三相电能表直接计量接线

按图 3.1.3 接线,检查后试通电测量电量。

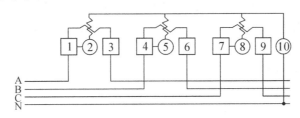

图 3.1.3　三相电能表直接计量接线

2.三相电能表经互感器接线

选择合适的电流互感器,按图 3.1.4 接线,检查后通电检验。

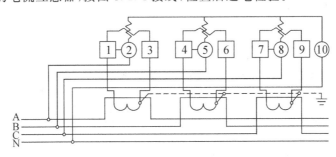

图 3.1.4　三相电能表经互感器接线

四、分析与思考

(1)试述单相电能表和三相四线电能表的区别。

(2)三相电能表的读数如何计算?

 **知识链接**　　　　　　　　　**电能表**

用来测量电路中消耗电能的仪表叫做电能表,俗称电度表、火表。电能表的分类,按

用途分有功电能表、无功电能表,按工作原理分有感应式(机械式)、静止式(电子式)、机电一体式(混合式),按接入相线分单相、三相三线、三相四线电能表。

电能可以转换成各种能量,如通过电炉转换成热能,通过电机转换成机械能,通过电灯转换成光能等,在这些转换中所消耗的电能为有功电能,有功电能的单位是 kW·h,而记录这种电能的电表称为有功电能表。电工原理告诉我们,有些电器装置在作能量转换时先得建立一种转换的环境,如电动机、变压器等要先建立一个磁场才能作能量转换,还有些电器装置是要先建立一个电场才能作能量转换,建立磁场和电场所需的电能都是无功电能,无功电能的单位是 kvar·h,而记录这种电能的电表称为无功电能表。无功电能在电器装置本身中是不消耗能量的,但会在电器线路中产生无功电流,该电流在线路中将产生一定的损耗,无功电能表是专门记录这一损耗的,一般只有较大的用电单位才安装这种电表。

与传统的机械式电能表不同,智能电表单元采用的电子式电能表是以计量芯片为核心,采用高精度锰铜片进行电流采样,电阻网络分压采样,然后分别输入到相应的通道,模拟信号由计量芯片经过模数转换、乘法器、V/F 转换等处理,输出信号供功能芯片计量、校准,采用液晶显示,具有红外和 RS485 通信功能。

电能表型号含义如下:

第一部分为类别代号,D——电能表。

第二部分为组别代号,按相线:D——单相,S——三相三线,T——三相四线;按用途:B——标准,D——多功能,J——直流,X——无功,Z——最大需量,F——复费率,S——全电子式,Y——预付费,H——总耗,L——长寿命,A——安培小时计。

第三部分为设计序号:用阿拉伯数字表示,如 862、3366 等。

例如,DDS3366 是设计序号为 3366 的单相全电子式电能表,DTSD3366 是三相四线全电子式多功能电能表。

1. 单相电子式电能表 DDS3366

DDS3366 系列电能表如图 3.1.5 所示,是测量额定频率为 50Hz 交流有功电能的全电子式单相仪表,配有标准 RS485 接口,可通过 RS485 组网,方便、准确地抄收电表数据。技术参数如下:

起动电流:$0.005I_b$(2 级)、$0.004I_b$(1 级)。

电压线路功耗:<2W,10VA。

图 3.1.5　DDS3366 单相电能表

潜动:具有防潜动逻辑电路;电压端施加 115% 的额定电压,电流端无电流,电能表在规定时间内输出脉冲不得多于 1 个;电压工作范围为 $0.9 \sim 1.1U_n$;电压极限范围为 $0.7 \sim 1.2U_n$。

通信方式:红外通信,RS485 通信。

电能存储:月末自动冻结电量,最多可保存 12 个月电量;广播冻结电量,最多可保存 3 次电量。

功率指示灯:当电表正常运行时,指示灯为红色,且每发出一个脉冲,该指示灯被点亮一次。

　　液晶显示:采用6+1位液晶显示,计量范围:0~999999.9kWh。停电闪烁显示。

　　目测抄表:直接观察液晶显示的度数,将此次抄得电量减去上次抄得电量即是本次用电量。

　　通信抄表:可以通过RS485通信直接后台抄取电能数据或手持红外抄表器对准电能表的红外发射孔进行抄表。红外抄表距离不大于4m。

　　若是外接互感器,需将上述计算结果乘以互感器的倍率,得出的结果就是该月电量。

　　2.三相电子式电能表 DTSD3366

　　三相电子式电能表 DTSD3366 如图 3.1.6 所示,可测量三相电流、电压、功率、功率因素等参数值,液晶显示,可选配外置开环互感器。其特点如下:分时计量当前正反向有功与无功电能及四象限无功电能;分时计量正反向有功、无功最大需量及发生时间;具有 12 个月的历史电能记录;具有最近 10 次失压、失流、断相、需量清零、电表上下电等事件记录功能;配有红外、RS485 和 RS232接口;具有两套费率时段表,可在约定的时刻自动转换,每套费率支持 4 个费率;具备停电抄表功能。

图 3.1.6　DTSD3366 三相电能表及互感器

技能训练 3　　电能表接线故障排查

一、实训目的

学会分析判断电能表错误接线并排查故障。

二、实训仪器与材料

三相电能表 DTSD3366 1 个,互感器 CT18 1 台,灯泡 220V 100W 3 只,导线若干。

三、项目实训内容与步骤

(1)三相四线电能表 DTSD3366 经电流互感器接入负载回路。
(2)对错误现象进行分析。
(3)排查故障,正确接线。

四、分析与思考

三相四线电能表经电流互感器接入用户回路时常见的错误现象有哪些?

　知识链接　　　　　　　　电能表错误接线分析与判断

三相四线电能表在低压系统电能计量中应用较为普遍,其接线方式主要有直接接入和经过电流互感器间接接入两种方式。直接接入法主要用于负荷电流较小的用户,负荷较大的用户一般采用经电流互感器间接接入法。采用电流互感器间接接入时,在实际接线中经常会出现电流互感器接反、电流电压不同相、电压回路断线等造成电能表不能准确计量等现象,下面针对以上几种现象进行分析。

三相四线电能表经电流互感器间接接入正确接线及向量图如图 3.1.7 所示。电能表第一元件接入 A 相电压、电流,第二元件接入 B 相电压、电流,第三元件接入 C 相电压、电流。其有功功率计算公式为:$P = U_a I_a \cos\varPhi_a + U_b I_b \cos\varPhi_b + U_c I_c \cos\varPhi_c$。假设三相负载对称,则有功功率计算公式为:$P = 3UI\cos\varPhi$。

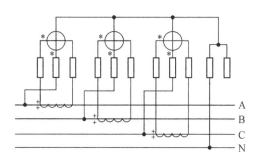 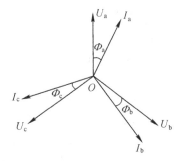

图 3.1.7　三相四线电能表正确接线及向量图

1. 电流互感器(简称 CT)接线错误

(1)1 个 CT 接反

3 个 CT 中 1 个 CT 接反,假设为 A 相接反,其接线及向量图如图 3.1.8 所示。

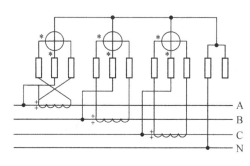 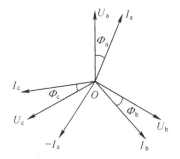

图 3.1.8　1 个 CT(A 相)接反时接线及向量图

此时三相有功功率的计算式为:

$$P = U_a I_a \cos(180° - \varPhi_a) + U_b I_b \cos\varPhi_b + U_c I_c \cos\varPhi_c$$

假设三相负载对称,则此时有功功率为:$P = UI\cos\varPhi$,是正确接线计量值的 1/3,此时电能表明显走慢。B、C 相 CT 接反与 A 相接反结果相同。

(2)2 个 CT 接反

3 个 CT 中 2 个 CT 接反,假设为 A、B 相 CT 接反,其接线及向量图如图 3.1.9 所示。

此时三相有功功率的计算式为:

$$P = U_a I_a \cos(180° - \varPhi_a) + U_b I_b \cos(180° - \varPhi_b) + U_c I_c \cos\varPhi_c$$

假设三相负载对称,则此时有功功率为:$P=-UI\cos\varPhi$,是正确接线计量值的$-1/3$,此时电能表反转。B、C 两相 CT 接反,A、C 两相 CT 接反与 A、B 两相接反结果相同。

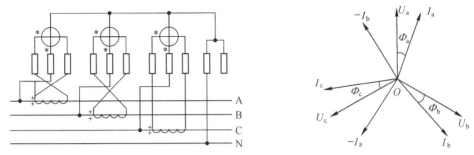

图 3.1.9　2 个 CT(A、B 相)接反时接线及向量图

(3)3 个 CT 接反

3 个 CT 全部接反,其接线及向量图如图 3.1.10 所示。

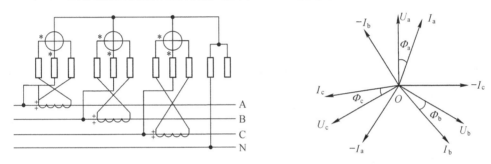

图 3.1.10　3 个 CT 接反时接线及向量图

此时三相有功功率的计算式为:

$$P=U_a I_a\cos(180°-\varPhi_a)+U_b I_b\cos(180°-\varPhi_b)+U_c I_c\cos(180°-\varPhi_c)$$

假设三相负载对称,则此时有功功率为:$P=-3UI\cos\varPhi$,是正确接线计量值的-1倍,此时电能表反转。

2.电压、电流回路不同相

(1)两元件电压、电流不同相

假设 A 相电压、电流同相,其他两相电压、电流不同相,其接线和向量图如图 3.1.11 所示。

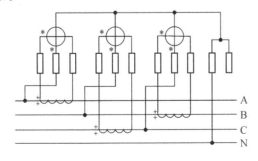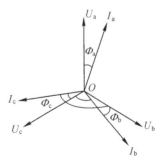

图 3.1.11　两元件(B、C)相电压、电流不同相接线图及向量图

此时三相有功功率计算式为：

$$P=U_aI_a\cos\Phi_a+U_bI_c\cos(120°+\Phi_c)+U_cI_b\cos(120°-\Phi_b)$$

假设三相负载对称，则此时有功功率为：$P=0$，即电能表不转。B、C 相的分析方法相同。

（2）三元件电压、电流不同相

图 3.1.12 所示接法中有功功率的计算式为：

$$P=U_aI_b\cos(120°+\Phi_b)+U_bI_c\cos(120°+\Phi_c)+U_cI_a\cos(120°+\Phi_a)$$

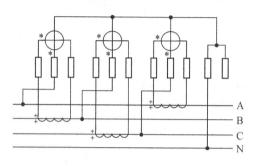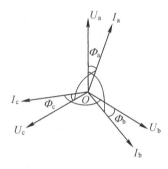

图 3.1.12　三元件相电压、电流不同相接线图及向量图（一）

假设三相负载对称，则此时有功功率为：$P=3UI\cos(120°+\Phi)$，此时电能表反转，计量值为正确接法的$-1/(1/2+\tan\Phi^*/2)$

图 3.1.13 所示接法中有功功率的计算式为：

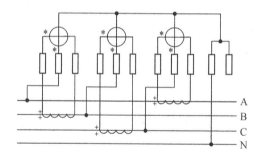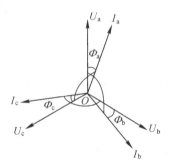

图 3.1.13　三元件相电压、电流不同相接线及向量图（二）

$$P=U_aI_c\cos(120°-\Phi_c)+U_bI_a\cos(120°-\Phi_a)+U_cI_b\cos(120°-\Phi_b)$$

假设三相负载对称，则此时有功功率为：$P=3UI\cos(120°-\Phi)$，当 $0°<\Phi<30°$ 时，电能表反转，当 $\Phi=30°$ 时，电能表不转，当 $\Phi>30°$ 时，电能表正转，但比正确接线时慢，此时计量值为正确接法的 $1/(-1/2+\tan\Phi^*/2)$

3. 电压回路断线

（1）一相电压断线

假设电压回路为 A 相断线，其接线如图 3.1.14 所示。

此时第一元件不计量，有功功率计算式为：

$$P=U_bI_b\cos\Phi_b+U_cI_c\cos\Phi_c$$

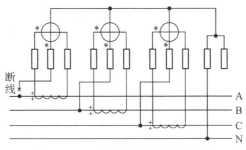

图 3.1.14 A 相电压回路短线接线

假设三相负载对称,则此时有功功率为:$P = 2UI\cos\varPhi$,此时计量值为正确接法的 $\dfrac{2}{3}$,电能表走慢。

(2)两相电压断线

第一、第二元件均不计量,此时有功功率计算时为 $P = UI\cos\varPhi$,此时计量值为正确接法的 1/3,电能表明显走慢。

(3)三相电压均断线

三个元件均不计量,此时电能表不走。

上面对三相四线电能表经电流互感器接入用户回路时,常见的几种错误现象进行了分析,得出判断依据(见表 3.1.1),可帮助计量部门快速判断电能表的错误接线,挽回一定的计量损失。在三相四线有功电能表的日常维护中,应加强对表计接线端子的确认,谨防电流回路接线松动或开路,此时电流互感器二次测产生的高电压将是非常危险的。

表 3.1.1 三相四线电能表经电流互感器间接接入时错误接法电能表转动情况汇总表

序号	接线类型		有功功率计算公式	三相对称时与正确接法的比较值	电能表转动情况
1	1 个 CT 接反	A 相 CT 接反	$P = U_a I_a \cos(120° - \varPhi_a) + U_b I_b \cos\varPhi_b + U_c I_c \cos\varPhi_c$	1/3	明显走慢
		B 相 CT 接反	$P = U_a I_a \cos\varPhi_a + U_b I_b \cos(120° - \varPhi_b) + U_c I_c \cos\varPhi_c$		
		C 相 CT 接反	$P = U_a I_a \cos\varPhi_a + U_b I_b \cos\varPhi_b + U_c I_c \cos(120° - \varPhi_c)$		

续表

序号	接线类型		有功功率计算公式	三相对称时与正确接法的比较值	电能表转动情况
2	2个CT接反	A、B相CT接反	$P = U_a I_a \cos(180° - \Phi_a) + U_b I_b \cos(180° - \Phi_b) + U_c I_c \cos\Phi_c$	$-1/3$	电能表反转
		B、C相CT接反	$P = U_a I_a \cos\Phi_a + U_b I_b \cos(180° - \Phi_b) + U_c I_c \cos(180° - \Phi_c)$		
		C、A相CT接反	$P = U_a I_a \cos(180° - \Phi_a) + U_b I_b \cos\Phi_b + U_c I_c \cos(180° - \Phi_c)$		
3	3个CT接反		$P = U_a I_a \cos(180° - \Phi_a) + U_b I_b \cos(180° - \Phi_b) + U_c I_c \cos(180° - \Phi_c)$	-1	电能表反转
4	两元件电压、电流不同相	B、C相电压、电流不同相	$P = U_a I_a \cos\Phi_a + U_b I_c \cos(120° + \Phi_c) + U_c I_b \cos(120° - \Phi_b)$	0	电能表不转
		A、C相电压、电流不同相	$P = U_a I_c \cos(120° - \Phi_c) + U_b I_b \cos\Phi_b + U_c I_a \cos(120° + \Phi_a)$		
		B、A相电压、电流不同相	$P = U_c I_c \cos\Phi_c + U_a I_b \cos(120° + \Phi_b) + U_b I_a \cos(120° - \Phi_a)$		
5	三元件电流电压均不同相	接法为：$U_a I_b U_b I_c U_c I_a$	$P = U_a I_b \cos(120° + \Phi_b) + U_b I_c \cos(120° + \Phi_c) + U_c I_a \cos(120° + \Phi_a)$	$-1/(1/2 + \tan\Phi^*/2)$	电能表反转
		接法为：$U_a I_c U_b I_a U_b I_a$	$P = U_a I_c \cos(120° - \Phi_c) + U_b I_a \cos(120° - \Phi_a) + U_b I_a \cos(120° - \Phi_b)$	$1/(-1/2 + \tan\Phi^*/2)$	当$0° < \Phi < 30°$时，电能表反转，当$\Phi = 30°$时，电能表不转，当$\Phi > 30°$时，电能表正转，转速较慢
6	一相电压断线	A相断线	$P = U_b I_b \cos\Phi_b + U_c I_c \cos\Phi_c$	2/3	电能表转慢
		B相断线	$P = U_a I_a \cos\Phi_a + U_c I_c \cos\Phi_c$		
		C相断线	$P = U_b I_b \cos\Phi_b + U_a I_a \cos\Phi_a$		
7	两相电压断线	A、B相断线	$P = U_c I_c \cos\Phi_c$	1/3	电能表明显转慢
		B、C相断线	$P = U_a I_a \cos\Phi_a$		
		C、A相断线	$P = U_b I_b \cos\Phi_b$		
8	三相电压断线		0		

应用举例：某车间一三相四线有功电能表经电流互感器接入用户回路，连续两个月抄表发现，电能表均未走字，检查未发现电压回路有断线情况，用钳形电流表测试，有电流显示。根据现象，从表 3.1.1 中判断为两元件电压、电流不同相所致，后经停电检查确认为B、C相电压、电流不同相导致电能表不走。

任务二　智能测控仪的认识和使用

▷ 能力目标

1. 学会安装智能电力测控仪和通信模块、开关量模块等扩展模块。
2. 学会使用智能电力测控仪测量电参数。
3. 学会分析简单的电路故障并排除。

▷ 知识目标

1. 掌握智能电力仪表串口通信原理。
2. 了解智能电力测控仪的工作原理。

技能训练　用 YD-STD2202 的 DI、DO 功能实现数字信号的输入、输出

一、实训目的

(1) 熟悉用 DI 实现数字信号输入。
(2) 熟悉用 DO 实现数字信号输出。
(3) 掌握智能电力测控仪串口通信的方法。

二、实训仪器与材料

电气实训柜一台,电气测量单元 YD-STD2202 一台,HMI 一台,插拔线若干。

三、实训内容与步骤

1. 通信模块的调试

PC 机与单台 YD-STD2202 通信。将 RS232/RS485 转接器的 RS232 端直接插入 PC 机的串行口座,RS485 端接长度不超过 1200m 的双绞线屏蔽电缆,双绞线另一端接 YD-STD2202 的通信模块,然后并接 120Ω 电阻。如图 3.2.1 所示。

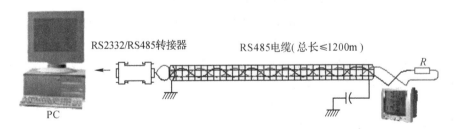

图 3.2.1　YD-STD2202 单机通信连接

设置 YD-STD2202 的波特率等参数,在电脑上用串口调试助手等串口调试工具(见图 3.2.2)调试通信模块。

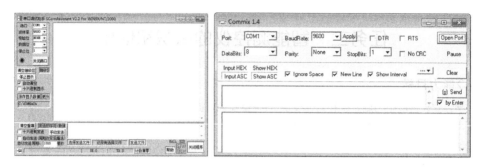

图 3.2.2　串口调试工具

2. DI 功能实现数字信号输入

接线原理如图 3.2.3 所示,实训步骤如下。

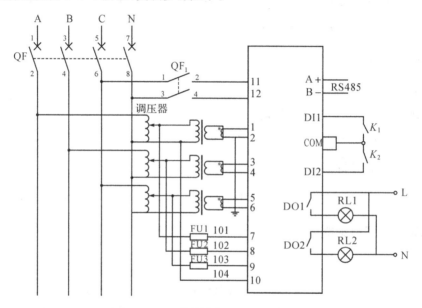

图 3.2.3　通信模块与开关量模块接线

(1)用插拔线一端插在电气实训柜电源输出部分的 U_a、U_b、U_c、U_n 孔位。

(2)上述插拔线的另一端插在电气实训柜电量测量单元 U_1 智能电力监测部分的 YD-STD2202 表的 U_a、U_b、U_c、U_n 孔位。

(3)用插拔线一端插在电气实训柜电源输出部分的 I_a^* 孔位,插拔线另一端插在电气实训柜电量测量单元 U_2 互感器部分的 CT_1 P_1 孔位。

(4)用插拔线一端插在电气实训柜电量测量单元 U_2 互感器部分的 CT1P2 孔位,插拔线另一端插在电气实训柜电源输出部分的 I_a 孔位。

(5)用插拔线一端插在电气实训柜电量测量单元 U_2 互感器部分的 CT1S1 孔位,插拔线另一端插在电气实训柜电量测量单元 U_1 智能电力监测部分的 I_a^* 孔位。

(6)用插拔线一端插在电气实训柜电量测量单元 U_2 互感器部分的 CT1S2 孔位,插拔线另一端插在电气实训柜电量测量单元 U_1 智能电力监测部分的 I_a 孔位。

（7）按上述（3）—（6）步骤连接电气实训柜电源输出部分的另两组电流输出 I_b、I_c。

（8）用插拔线一端插在电气实训柜电量测量单元 U_1 智能电力监测部分的 RS485A 孔位，插拔线另一端插在电气实训柜 HMI U_1 单元 RS485A 孔位。

（9）用插拔线一端插在电气实训柜电量测量单元 U_1 智能电力监测部分的 RS485B 孔位，插拔线另一端插在电气实训柜 HMI U_1 单元 RS485B 孔位。

（10）用插拔线一端插在电气实训柜电量测量单元 U_1 智能电力监测部分的 DI1＋孔位，另一端接在 U_1 智能电力监测单元 K_1 一孔位。

（11）用插拔线一端插在电气实训柜电量测量单元 U_1 智能电力监测部分的 DI1－孔位，另一端接在 U_1 智能电力监测单元 K_1 另一孔位。

（12）打开电气实训柜电源输出部分的 4P 开关。

（13）打开电气实训柜电量测量单元 U_1 智能电力监测的 1P 开关与 HMI 和 PLC 单元的 1P 开关。

（14）依次打开电气实训柜电源输出部分的 ABC3 个 1P 开关。

（15）观察电气实训柜 U_1 智能电力监测部分的表面显示电流数据 I_{a1}。

（16）通过 U_1 HMI 单元设置电流过流、欠流报警阀值，对应 K_1 动作。

（17）通过上位机（上位机软件见图 3.2.4）记录下 DI 原始数值 DI1，调节电流 I_a 大小（调节 I_a 电流显示表下面变压器电压大小来实现），越过设定告警阀值，并记录下告警次数 N，通过上位机查看 DI 信息，记录下数据 DI2。

图 3.2.4　YD-STD2202 上位机软件

3. DO 功能实现数字信号输出

接线原理如图 3.2.3 所示,实训步骤如下。

(1)用插拔线一端插在电气实训柜电源输出部分的 U_a、U_b、U_c、U_n 孔位。

(2)上述插拔线的另一端插在电气实训柜电量测量单元 U_1 智能电力监测部分的 YD-STD2202 表的 U_a、U_b、U_c、U_n 孔位。

(3)用插拔线一端插在电气实训柜电源输出部分的 I_a^* 孔位,插拔线另一端插在电气实训柜电量测量单元 U_2 互感器部分的 CT1P1 孔位。

(4)用插拔线一端插在电气实训柜电量测量单元 U_2 互感器部分的 CT1P2 孔位,插拔线另一端插在电气实训柜电源输出部分的 I_a 孔位。

(5)用插拔线一端插在电气实训柜电量测量单元 U_2 互感器部分的 CT1S1 孔位,插拔线另一端插在电气实训柜电量测量单元 U_1 智能电力监测部分的 I_a^* 孔位。

(6)用插拔线一端插在电气实训柜电量测量单元 U_2 互感器部分的 CT1S2 孔位,插拔线另一端插在电气实训柜电量测量单元 U_1 智能电力监测部分的 I_a 孔位。

(7)按上述(3)—(6)步骤连接电气实训柜电源输出部分的另两组电流输出 I_b、I_c。

(8)用插拔线一端插在电气实训柜电量测量单元 U_1 智能电力监测部分的 RS485A 孔位,插拔线另一端插在电气实训柜 HMI U_1 单元 RS485A 孔位。

(9)用插拔线一端插在电气实训柜电量测量单元 U_1 智能电力监测部分的 RS485B 孔位,插拔线另一端插在电气实训柜 HMI U_1 单元 RS485B 孔位。

(10)取两个外接声光报警装置分别接入 U_1 智能电力监测单元 K_1 两孔位和 K_2 两孔位。

(11)打开电气实训柜电源输出部分的 4P 开关。

(12)打开电气实训柜电量测量单元 U_1 智能电力监测的 1P 开关与 HMI 和 PLC 单元的 1P 开关。

(13)依次打开电气实训柜电源输出部分的 ABC 3 个 1P 开关。

(14)观察电气实训柜 U_1 智能电力监测部分的表面显示电流数据 I_{a1}。

(15)通过 U_1 HMI 单元设置电流过流、欠流报警阀值,设置欠流 K_1 动作、过流 K_2 动作。

(16)调节电流 I_a 大小(调节 I_a 电流显示表下面变压器电压大小来实现),越过设定告警阀值,通过上位机查看报警信息,通过声光报警装置查看报警状态。

四、分析与思考

1. 用串口调试助手调试通信模块需注意哪些方面的设置?

2. DI 功能可以监测哪些信号?

3. 若设定功率越限报警,可以改变哪些参量得以实现?

 知识链接　　　　　　　智能电力仪表串口通信

1．串口

串口是计算机上一种非常通用的设备通信协议。大多数计算机包含两个基于RS232的串口。串口同时也是仪器仪表设备通用的通信接口。同时，串口通信协议也可以用于获取远程采集设备的数据。

串口通信的概念非常简单，串口按位（bit）发送和接收字节。尽管比按字节（byte）的并行通信慢，但是串口可以在使用一根线发送数据的同时用另一根线接收数据。它很简单并且能够实现远距离通信。比如IEEE488定义并行通行状态时，规定设备线总长不得超过20m，并且任意两个设备间的长度不得超过2m；而对于串口而言，长度可达1200m。典型地，串口用于ASCⅡ码字符的传输。通信使用3根线完成：地线、发送线、接收线。由于串口通信是异步的，端口能够在一根线上发送数据同时在另一根线上接收数据。其他线用于握手，但不是必须的。串口通信最重要的参数是比特率、数据位、停止位和奇偶校验位。对于两个进行通信的端口，这些参数必须匹配：

（1）比特率：这是一个衡量通信速度的参数。它表示每秒钟传送的bit的个数。如300波特表示每秒钟发送300个bit。当我们提到时钟周期时，就是指比特率，如果协议需要4800波特率，那么时钟就是4800Hz。这意味着串口通信在数据线上的采样率为4800Hz。通常电话线的比特率为14400、28800和36600。比特率可以远远大于这些值，但是波特率和距离成反比。

（2）数据位：这是衡量通信中实际数据位的参数。当计算机发送一个信息包时，实际的数据不会是8位的，标准的值是5、7和8位。如何设置取决于你想传送的信息。比如，标准的ASCⅡ码是0～127（7位）。扩展的ASCⅡ码是0～255（8位）。如果数据使用简单的文本（标准ASCⅡ码），那么每个数据包使用7位数据。每个包包括开始/停止位、数据位和奇偶校验位，实际数据位取决于通信协议的选取。

（3）停止位：用于表示单个包的最后一位。典型的值为1、1.5和2位。由于数据是在传输线上定时的，并且每一个设备有其自己的时钟，很可能是在通信中两台设备间出现了小小的不同步。因此，停止位不仅仅是表示传输的结束，并且提供计算机校正时钟同步的机会。适用于停止位的位数越多，不同时钟同步的容忍程度越大，但数据传输率同时也会越慢。

（4）奇偶校验位：是串口通信中一种简单的检错方式。其有四种检错方式：偶、奇、高和低。当然没有校验位也是可以的。对于偶和奇校验的情况，串口会设置校验位（数据位后面的一位），用一个值确保传输的数据有偶个或者奇个逻辑高位。例如，如果数据是011，那么对于偶校验，校验位为0，保证逻辑高的位数是偶数个。如果是奇校验，校验位为1，这样就有3个逻辑高位。高位和低位不真正检查数据，只是以简单置位逻辑高或者逻辑低校验。这样使得接收设备能够知道一个位的状态，有机会判断是否有噪声干扰了通信，或者传输和接收数据是否不同步。

2. RS232

RS232(ANSI/EIA-232 标准)是 IBM-PC 及其兼容机上的串行连接标准。其可用于许多用途,比如连接鼠标、打印机或者 Modem,同时也可以接工业仪器仪表,还可以用于驱动和连线的改进。实际应用中 RS232 的传输长度或者速度常常超过标准的值。RS232只限于 PC 串口和设备间点对点的通信。RS232 串口通信最远距离是 15m。

RS232 针脚的功能如图 3.2.5 所示。

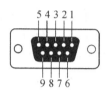

图 3.2.5　9 针串口连接口顺序(从计算机连出的线的截面)

数据:

TXD(pin 3):串口数据输出(Transmit Data)。

RXD(pin 2):串口数据输入(Receive Data)。

握手:

RTS(pin 7):发送数据请求(Request to Send)。

CTS(pin 8):清除发送(Clear to Send)。

DSR(pin 6):数据发送就绪(Data Send Ready)。

DCD(pin 1):数据载波检测(Data Carrier Detect)。

DTR(pin 4):数据终端就绪(Data Terminal Ready)。

地线:

GND(pin 5):地线。

其他:

RI(pin 9):铃声指示。

3. RS422

RS422(EIA RS-422-AStandard)是 Apple 的 Macintosh 计算机的串口连接标准。RS422 使用差分信号,RS232 使用非平衡参考地的信号。差分传输使用两根线发送和接收信号,对比 RS232,它能更好地抗噪声和有更远的传输距离。在工业环境中,更好的抗噪性和更远的传输距离是一个很大的优点。

4. RS485

RS485(EIA-485 标准)是 RS422 的改进型,因为它增加了设备的个数,从 10 个增加到 32 个,同时定义了在最大设备个数情况下的电气特性,以保证足够的信号电压,因此你可以使用一个单个 RS485 口建立设备网络。其具有出色的抗噪能力和多设备能力,在工业应用中,建立连向 PC 机的分布式设备网络、其他数据收集控制器、HMI 或者其他操作时,串行连接会选择 RS485。RS485 是 RS422 的超集,因此所有的 RS422 设备可以被RS485 控制。RS485 可以用超过 1200m 的线进行串行通行。

RS422、RS485 的数据信号采用差分传输方式,也称作平衡传输。所谓平衡传输,是指双端发送和双端接受,它使用一对双绞线。通常情况下,发送驱动器在两条线之间的正电平在+2～+6V 是一个逻辑状态,负电平在-2～-6V 是另一个逻辑状态。在 RS485 中还有一"使能端",而在 RS422 中这是可用可不用的。"使能端"是用于控制发送驱动器与传输线的切断与连接。当"使能端"起作用是,发送驱动器处于高阻状态,称作"第三态",即它是有别于逻辑"1"与"0"的第三态。RS485 采用半双工作方式,任何时候只能有一点发送状态,因此,发送电路须由使能信号加以控制。

RS485 与 RS422 一样,其最大传输距离约为 1219m,最大传输速度为 10Mbps。平衡双绞线的长度与传输速率成反比,在 100Kbps 速率以下,才可能使用规定最长的电缆长度。只有在很短的距离下才能获得最高速率传输。一般 100m 长双绞线最大传输速率仅为 1Mbps。

RS485 需要 2 个终接电阻,其阻值要求等于传输电缆的特性阻抗。在近距离传输时可不需终接电阻,即一般在 300m 以下不需终接电阻。终接电阻在传输总线的两端。

RS485 与 RS422 适用于多个点之间共用一对线路进行总线式联网,用于多站互联非常方便。在互联中,某一时刻两个站中,只有一个站可以发送数据,而另一个站只能接收数据,因此其通信只能是半双工的,且其发送电路必须由使能端加以控制。当发送使能端为高电平时发送器可以发送数据,为低电平时,发生器的两个输出端都呈现高阻态,此节点就从总线上脱离,好像断开一样。

串口调试中要注意的几点:

(1)不同编码机制不能混接,如 RS232C 不能与 RS422 接口相连。但市面上有卖专门的各种转换器,必须通过转换器才能连接。

(2)线路焊接要牢固,不然程序没问题,却因为接线问题而误事。

(3)串口调试时,准备一个好用的调试工具,如串口调试助手、串口精灵等,有事半功倍之效果。

(4)不要带电插拔串口,插拔时至少有一端是断电的,否则串口易损坏。

5.YD-STD2202 通信规约

用串口调试助手,要按照 YD-STD2202 通信规约进行调试,如表 3.2.1、表 3.2.2 所示。

表 3.2.1　RS485-YD-STD2202 通信规约

NO.	485 地址分页	字数	Descriptions 描述
1	0000H	41	Basic measuring data：YADA protocol 基本测量数据：YADA 规约
2	0100H	1	Module configure word 模块配置字
3	0200H	120	Harmonics：fundamental wave，$\sum$ harmonic content，2～19 harmonics 谐波：基波、总谐波含量、2～19 次谐波

续表

NO.	485 地址分页	字数	Descriptions 描述
4	0300H	100	Programmable parameters 可编程参数
5	0400H	63	Basic measuring data without transformation ratio 不带变比的基本测量数据
6	0700H	110	Basic measuring data with transformation ratio (long-word) 带变比的基本测量数据（长字）
7	—		—
8			
9	FF00H		产品信息

表 3.2.2 基本测量数据：YADA 规约

NO.	10 进制 地址	16 进制 地址	字 数	描 述	单 位
1	0	000	1	Phase to neutral voltage phase1 相电压 1	V/10
2	1	001	1	Line voltage U12 线电压 U12	V/10
3	2	002	1	Phase 1 current 第 1 相电流	mA
4	3	003	1	Frequency 频率	Hz/100
5	4	004	1	Active power phase1 ＋/－ 1 相有功＋/－	W
6	5	005	1	power factor phase 1 ＋:L/－:C 1 相功率因数＋:L/－:C	0.001
7	6	006	1	Reactive power phase1 ＋/－ 1 相无功＋/－	var
8	7	007	1	Apparent power phase 1＋/－ 1 相视在功率＋/－	VA
9	8	008	1	相电压 2	V/10
10	9	009	1	线电压 U23	V/10
11	10	00A	1	第 2 相电流	mA
12	11	00B	1	频率	Hz/100
13	12	00C	1	2 相有功＋/－	W
14	13	00D	1	2 相功率因数＋:L/－:C	0.001
15	14	00E	1	2 相无功＋/－	var

NO.	10 进制地址	16 进制地址	字　数	描　　述	单　位
16	15	00F	1	2 相视在功率＋/－	VA
17	16	010	1	相电压 3	V/10
18	17	011	1	线电压 U31	V/10
19	18	012	1	第 3 相电流	mA
20	19	013	1	频率	Hz/100
21	20	014	1	3 相有功＋/－	W
22	21	015	1	3 相功率因数＋:L/－:C	0.001
23	22	016	1	3 相无功＋/－	var
24	23	017	1	3 相视在功率＋/－	VA
25	24	018	1	Phase to neutral voltage 相电压	V/10
26	25	019	1	Line voltage 线电压	V/10
27	26	01A	1	Current 电流	mA
28	27	01B	1	Frequency 频率	Hz/100
29	28	01C	1	active＋/－ 有功＋/－	W
30	29	01D	1	Power factor ＋:L/－:C 功率因数＋:L/－:C	0.001
31	30	01E	1	reactive＋/－ 无功＋/－	var
32	31	01F	1	apparent power ＋/－ 视在功率＋/－	VA
33	32	020	1	遥信输入状态(1:高 0:低) Bit0:DI1 Bit1:DI2 Bit2:DI3 Bit3:DI4 Bit4:DI5 Bit5:DI6 Bit6－7:未定义 遥控输出状态(1:闭合 0:断开) Bit8:DO1 Bit9:DO2 Bit10:DO3 Bit11:DO4 Bit12:DO5 Bit13:DO6 Bit14－15:未定义	—
34	33	021	1	Active energy ＋L 有功电能＋L	kWh
35	34	022	1	Active energy ＋H 有功电能＋H	kWh

续表

NO.	10 进制地址	16 进制地址	字 数	描 述	单 位
36	35	023	1	Active energy－L 有功电能－L	kWh
37	36	024	1	Active energy－H 有功电能－H	kWh
38	37	025	1	Reactive energy ＋L 无功电能＋L	kvarh
39	38	026	1	Reactive energy ＋H 无功电能＋H	kvarh
40	39	027	1	Reactive energy－L 无功电能－L	kvarh
41	40	028	1	Reactive energy－H 无功电能－H	kvarh

举例：

(1)读取带变比的参数:01 03 07 00 00 66 C4 94

(2)读取谐波参数:01 03 02 00 00 78 44 50

(3)读取可编程参数:01 03 03 00 00 50 45 B2

(4)写 PT 为 10:01 06 03 07 00 0A B8 48

(5)把 OUT1 配置成遥控方式:01 06 03 11 00 00 D9 8B

(6)把 OUT1 配置成自控方式(关联 I_a):01 06 03 11 00 03 99 8A

(7)遥控,使 OUT1 的输出闭合(输出配置为常闭接点):01 06 03 11 00 ff A9 8A

(8)遥控,使 OUT1 的输出断开(输出配置为常开接点):01 06 03 11 00 00 68 4A

(9)自控,设置 OUT1 上限参数为 5A(假设关联 I_a):01 06 03 12 13 88 24 DD

(10)自控,设置 OUT1 下限参数为 1A(假设关联 I_a):01 06 03 13 03 E8 78 F5

模块四

无功补偿控制单元

学习目标

1.能够正确测量电容器件,判断其质量。

2.能够完成无功补偿系统的接线。

3.理解无功补偿的意义。

任务一　电容器的检测及无功补偿系统的连接

技能训练 1　电力电容器的检测

一、实训目的

1.认识电力电容器。

2.了解电力电容器的功能特点。

3.了解电力电容器的技术指标,熟悉电力电容的铭牌数据。

4.掌握电力电容的检测方法。

二、实训仪器与材料

综合实训柜 YD-STD2000 1 套,电力电容器 BKMJ2-0.48-25-3 1 台,兆欧表 ZC-8 1 个,数字电容表 1 个,万用表 1 个。

三、实训内容与步骤

1.认识电力电容器,抄写电力电容器的铭牌数据,分析数据的意义。如图 4.1.1 所示。

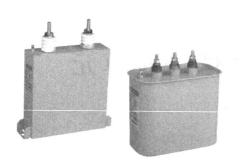

图 4.1.1　常用的电力电容器

2.电力电容器的绝缘检测方法如下：

(1)电力电容器的器身检查,查看是否有破损或鼓胀现象。

(2)电力电容器的对地绝缘电阻检测:首先对兆欧表进行仪表检查(短接兆欧表的两条表笔线,兆欧表指示应该在零位,断开表笔线,指针应该不动),把兆欧表的 E 线接电容的外壳,兆欧表的 L 线接通电的接线柱。

(3)电力电容器的相间绝缘电阻检测:把兆欧表的 E 线接电容的其中一个脚,兆欧表的 L 线接通电容另一接线柱,将读取数据和标准要求进行比较,绝缘电阻大于 0.5MΩ。

3.电力电容器的容量检测:现用 1W/100Ω 的电阻短接电容器两端(放电),再用数字电容表的两支表笔接于电容器两端,待数显稳定时读取电容值。

 知识链接　　　　　　电力电容器的结构及其检测

一、电力电容器的内部结构及生产工艺

高电压并联电容器,通常为油浸式,主要由电容元件、绝缘件、连接件、出线套管和箱壳等组成,有的内部还设有放电电阻和熔丝,在 1000kvar 以上的电容器中常设有油补偿装置和放电线圈。各部件的制造和装配均在高度洁净的环境中进行,然后按工艺要求对电容器进行严格的真空干燥浸渍处理,除去水分、空气等,并用经过预处理的洁净绝缘油进行充分的浸渍,最后进行封口,使其内部介质不与大气相通,防止介质受大气作用发生早期老化,影响电容器的使用寿命和可靠性,因而保持电容器的密封性是十分重要的。

元件是电容器的基本电容单元,高压并联电容器中的元件通常由 4 张或 6 张聚丙烯薄膜与 2 张铝箔相互重叠配置后绕卷、压扁而成。铝箔采取凸出折边结构。高电压并联电容器通常采用 1~2mm 的薄钢板制成的矩形箱壳,其机械强度高,易于焊接、密封和散热,箱壳内部的填充系数高,易于焊接、密封和散热。

在电容器内部的各个元件之间、串联段之间和芯子与箱壳之间通常都设有由电缆纸、绝缘纸板制成的绝缘件,使相互间的绝缘达到要求的绝缘水平,并使元件间的相互位置得到固定以及元件具有预定的占空系数。

二、无功补偿柜的电容(电力电容)的检测

1.测量投入的总电容器的三种办法

(1)可以查看投入电容器的块数,再乘以电容器的铭牌容量,就是电容器柜投入的总电容量。

(2)可以测量电容器柜的总电流,然后根据 $Q=1.732 \times U \times I$ 计算,如果是 0.4kV 的电容器,则 $Q=1.732 \times 0.4 \times U=0.6928U(kvar)$,计算出投入的总电容量。

(3)可以用电容表,也可以用有测电容功能的万用表测量电容值。

2.用万用表测试电容的好坏

(1)用电容档直接检测

某些数字万用表具有测量电容的功能,如 DT890B+型数字万用表,其量程分为 2000pF、20nF、200nF、2μF 和 20μF 五档。测量时可将已放电的电容两引脚直接插入表板上的 C_x 插孔,选取适当的量程后就可读取显示数据。

量程的选取,一般是以被测电容值介于两相邻档之间,如标称"0.47μF"的电容 200n 档,宜选用 2μF 档测量(因为 200nF<0.47μF<2μF)。

经验证明,数字万用表在测量 50pF 以下的小容量电容器时误差较大,测量 20pF 以下电容几乎没有参考价值。此时可采用并联法测量小值电容。方法是:先找一只 220pF 左右的电容,用数字万用表测出其实际容量 C_1,然后把待测小电容与之并联测出其总容量 C_2,则两者之差(C_1-C_2)即是待测小电容的容量。用此法测量 1~20pF 的小容量电容很准确。

(2)用电阻档估测电容量的大小

电容各端分别短路完全放电后,将指针万用表设置于×1k 档,两表笔分别接触电容各端(充电),再将两表笔倒过来分别测量电容各端,每次测量表针应快速右摆然后逐渐向左回落,根据摆幅的大小可以估测电容量的大小。选择电阻档量程的原则是:当电容量较小时宜选用高阻档,而电容量较大时应选用低阻档。若用高阻档估测大容量电容器,由于充电过程很缓慢,测量时间将持续很久;若用低阻档检查小容量电容器,由于充电时间极短,仪表会一直显示溢出,看不到变化过程。

实践证明,利用数字万用表也可观察电容器的充电过程,这实际上是以离散的数字量反映充电电压的变化情况。设数字万用表的测量速率为 n 次/秒,则在观察电容器的充电过程中,每秒钟即可看到 n 个彼此独立且依次增大的读数。根据数字万用表的这一显示特点,可以检测电容器的好坏和估测电容量的大小。下面介绍的是使用数字万用表电阻档检测电容器的方法,对于未设置电容档的仪表很有实用价值。此方法适用于测量 0.1μF 至几千微法的大容量电容器。

测量操作方法及原理如下:将数字万用表拨至合适的电阻档,红、黑表笔分别接触被测电容器 C_x 的两极时,表内电源经过表内标准电阻 R_0 向被测电容器 C_x 充电,刚开始的瞬间,因为 $V_C=0$,显示值将从"000"开始逐渐增加,随着 V_C 逐渐升高,显示值随之增大。当 $V_C=2V_R$ 时,仪表开始显示溢出符号"1"。用石英表测出显示值从"000"变化到溢出

"1"所需要的时间 t,可以估测电容量的大小。

若始终显示"000",说明电容器内部短路;若始终显示溢出,则可能是电容器内部极间开路,也可能是所选择的电阻档不合适。检查电解电容器时需要注意,红表笔(带正电)接电容器正极,黑表笔接电容器负极。

(3)注意事项

①测量之前应把电容器两引脚短路,进行放电,否则可能观察不到读数的变化过程。

②在测量过程中两手不得碰触电容电极,以免仪表跳数。

③测量过程中,$U_{IN}(t)$ 的值是呈指数规律变化的,开始时下降很快,随着时间的延长,下降速度会越来越缓慢。当被测电容器 C_x 的容量小于几千皮法时,由于 $V_{IN}(t)$ 一开始下降太快,而仪表的测量速率较低,来不及反映最初的电压值,因而仪表最初的显示值要低于电池电压 E。

④当被测电容器 C_x 大于 $1\mu F$ 时,为了缩短测量时间,可采用电阻档进行测量。但当被测电容器的容量小于 $200pF$ 时,由于读数的变化很短暂,所以很难观察到充电过程。

3. 自愈式电容

自愈式电容是低压无功补偿电容的一种,就是补偿感性无功用的。它由很多小电容并联而成,如有个别击穿损坏,会自行断开,从而不会使整个电容失去工作能力,故称之为"自愈"。但是,这种电容的容量会越用越少。一般用户只能从其工作电流看它是否还能工作,其他指标需要专业设备检测,用户无法检测。

技能训练 2 无功补偿系统的连接

一、实训目的

(1)认识无功补偿系统。

(2)掌握无功功率自动补偿控制系统的连接方法。

(3)了解无功补偿系统的技术指标和功能特点。

二、实训仪器与材料

综合实训柜 YD-STD2000 1 套,无功功率自动补偿控制器 JKWFC-18Z 1 台,插拔导线若干。

三、实训内容与步骤

(1)认识无功功率自动补偿控制器,了解系统的主要组成部件。熟悉无功功率自动补偿控制器控制面板,如图 4.1.2 所示。

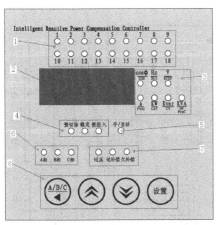

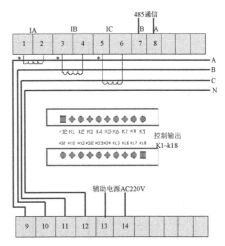

图 4.1.2　无功功率自动补偿控制器面板　　　　图 4.1.3　无功功率自动补偿接线

（2）对照图 4.1.3 熟悉各显示操作按键的功能及作用。

（3）对照图 4.1.3 熟悉各端子的功能及作用。

（4）电路的安装：对照电路图 4.1.4 进行无功功率自动补偿系统安装接线。

（5）无功功率自动补偿系统接好线后，经教师检查无误后上电调试，观测自动补偿控制器的现象，以及指示灯的状态。

四、分析与思考

1. 无功功率自动补偿控制器主要有哪些类型？

2. 无功功率补偿方案有哪几种？

 知识链接　JKWFC-18Z 系列无功功率自动补偿控制器及其使用

一、概述

JKWFC-18Z 系列无功功率自动补偿控制器，以高速高性能的微处理器为核心器件，以高精度的电能芯片同时取样三相电压三相电流信号，并提供 7 种分补加共补补偿方案，11 种投切编码方案，用户可通过修改控制参数任意选择。控制参数一经修改永久保存，掉电不丢失。采用功率因数和无功功率复合控制电容器组的投切，投切稳定，无投切震荡。其适用于交流 45～65Hz 电力系统无功功率补偿的自动控制。

二、功能特点

（1）以无功功率计算投切电容器容量，并同时兼顾功率因数，可避免多种形式的投切震荡。

（2）实时显示总、各相无功功率、有功功率、功率因素、电压、电流等。

（3）具有掉电参数记忆功能，掉电数据不丢失。

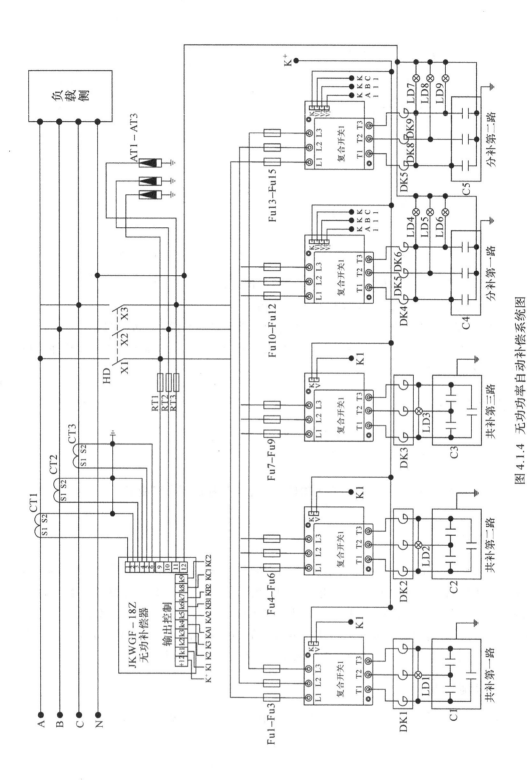

图 4.1.4 无功功率自动补偿系统图

(5)最多有 7 种补偿方案供用户选择。

(6)输出路数可任意设定,最多 18 路输出。

(7)人机界面友好操作方便。

(8)各种控制参数全数字可调直观使用方便。

(9)具有自动运行与手动运行两种工作方式。

(10)具有循环投切功能,能有效延长电容寿命。

(11)具有过电压、欠电压、缺相保护功能,能有效延长电容寿命。

(12)具有谐波超限保护功能,能有效保护电网安全。

(13)具有自身硬件故障保护功能,自身发生故障可快速切除所有电容。

(14)标准安装方式,安装方便。

三、使用条件

(1)海拔高度不高于 2500m。

(2)环境温度－10℃～＋50℃。

(3)空气湿度在 40℃时不超过 40％,20℃时不超过 80％。

(4)周围环境无腐蚀性气体、无导电尘埃、无易燃易爆介质。

(5)安装地点无剧烈震动。

四、技术指标

(1)额定工作电压:AC 220V±20％。

(2)额定工作电流:AC 0～5A。

(3)辅助电源:AC220V/50Hz(正弦波形总畸变率<5％)。

(4)额定工作频率:45～65Hz。

(5)电流输入阻抗:≤0.2Ω。

(6)控制器灵敏度:100mA。

(7)欠压保护值:170V。

(8)输出触点容量每路:DC 12V/10mA。

(9)整机消耗功率:<10VA。

(10)显示:4 位红色数码管。

(11)电压测量精度:0.5 级(80％～120％额定值)。

(12)电流测量精度:0.5 级(80％～120％额定值)。

(13)功率测量精度:2 级(相位角－30°～60°时)。

(14)功率因数精度:1.5 级。

五、型号命名

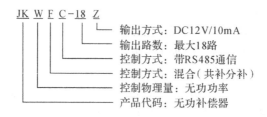

JK W F C - 18 Z

- 输出方式：DC12V/10mA
- 输出路数：最大18路
- 控制方式：带RS485通信
- 控制方式：混合（共补分补）
- 控制物理量：无功功率
- 产品代码：无功补偿器

六、按键和指示灯

（1）1～18回路电容器组投切指示。

（2）电力参数、控制参数显示。

（3）电力参数和控制参数指示灯，由于电力参数和控制参数的显示在时空上不重叠，所以此指示灯被电力参数菜单和控制参数菜单共用。在参数修改状态下，表示数码显示器显示的是此指示灯指示的控制参数内容。在运行状态（自/手动）下，表示数码显示器显示的是此指示灯指示的电力参数内容。下面分别介绍显示器显示的功能及意义。

$\frac{\cos\varphi}{\cos}$实测功率因数及目标功率因数参数指示灯：

在手动运行或自动运行状态下，此指示灯亮表示数码显示器显示的是相指示灯（合相、A、B、C）所指示的相的功率因数；当显示负值功率因数时表示电流信号超前电压信号；当显示正值功率因数时表示电流信号滞后电压信号。在参数预置状态下，此指示灯亮表示数码显示器显示的是补偿目标功率因数控制参数。

$\frac{Hz}{DLT}$电压畸变率及投入切除延时指示灯：

在自/手动运行状态下，此指示灯亮表示数码显示器显示的电压畸变率，在参数预置状态下，此指示灯亮表示数码显示器显示的是投入或切除延时控制参数。

$\frac{V}{STEP}$电压有效值及共补、分补输出通道数量控制参数：

在自/手动运行状态下，此指示灯亮表示数码显示器显示的是相指示灯（合相、A、B、C）所指示的相的电压值。在参数预置状态下，此指示灯亮表示数码显示器显示的是共补输出通道数量或分补输出通道数量控制参数。

$\frac{A}{proC}$电流有效值及共补、分补输出编码控制参数：

在自/手动运行状态下，此指示灯亮表示数码显示器显示的是相指示灯（合相、A、B、C）所指示的相的一次电流值。在参数预置状态下，此指示灯亮表示数码显示器显示的是共补电容器容量值编码或分补电容器容量值编码控制参数。

$\frac{kW}{CAP}$有功功率及共补、分补第一只电容器容量控制参数：

在自/手动运行状态下同，此指示灯亮表示数码显示器显示的是相指示灯（合相、A、B、C）所指示的相的有功功率值。在参数预置状态下，此指示灯亮表示数码显示器显示的是第一只共补电容器容量值或第一只分补电容器容量值控制参数。

$\dfrac{\text{kvar}}{\text{CT}}$ 无功功率及总电流互感器变比、畸变率门限值控制参数：

在自/手动运行状态下,此指示灯亮表示数码显示器显示的是相指示灯(合相、A、B、C)所指示的相的无功功率值。在参数预置状态下,此指示灯亮表示数码显示器显示的是总电流互感器变比控制参数或是畸变率门限值控制参数。

$\dfrac{\text{KVA}}{\text{Precov}}$ 视在功率及过压门限控制参数、补偿方案控制参数：

在手动运行或自动运行状态下,此指示灯亮表示数码显示器显示的是相指示灯(合相、A、B、C)所指示的相的视在功率值。在参数预置状态下,此指示灯亮表示数码显示器显示的是过压门限控制参数或是补偿方案控制参数。

(4)投切状态指示灯。

预切除指示灯:当用户利用手动功能切除电容器组,或自动切除电容器组时,此指示灯会亮,表示控制器正准备切除电容器组,经过预定的切除延时时间后就会切除电容器组。

稳定指示灯:当控制器既不投入也不切除电容器组时此指示灯会亮。

预投入指示灯:当用户利用手动功能投入电容器组,或自动投入电容器组时,此指示灯会亮,表示控制器正准备投入电容器组,经过预定的投入延时时间后就会投入电容器组。

(5)自动运行/手动运行指示灯。

在参数预置状态下:此指示灯亮或不亮不表示任何意义。在非参数预置状态下(自动运行状态或手动运行状态):如此指示灯长亮表示控制器工作在自动运行状态;如此指示灯以半秒的间隔频闪表示控制器工作在手动运行状态。

(6)相位指示灯。

在自动运行状态下:

A 指示灯亮表示数码显示器显示的是 A 相的电力参数。

B 指示灯亮表示数码显示器显示的是 B 相的电力参数。

C 指示灯亮表示数码显示器显示的是 C 相的电力参数。

ABC 指示灯同时亮表示数码显示器显示的是 ABC 三相电力参数之和。

在手动运行状态下:

A 指示灯亮,操作递增键投入 A 相分补电容器组;操作递减键切除 A 相分补电容器组。

B 指示灯亮,操作递增键投入 B 相分补电容器组;操作递减键切除 B 相分补电容器组。

C 指示灯亮,操作递增键投入 C 相分补电容器组;操作递减键切除 C 相分补电容器组。

ABC 指示灯同时亮,操作递增键投入共补电容器组;操作递减键切除共补电容器组。

在控制参数修改状态下:

ABC 指示灯轮流亮表示用户当前修改的是分相补偿控制参数。

ABC 指示灯同时亮表示用户当前修改的是共补补偿控制参数。

ABC 指示灯同时熄灭不表示任何含义。

(7)报警指示灯。

过压、欠压、过畸变率报警指示灯：当此指示灯常亮时表示电压有效值高于用户预定的过压门限值或低于 170V 欠压门限值。当此指示灯闪烁时表示畸变率超过用户预设置的畸变率门限值。过压、欠压、过畸变率控制器将快速切除已投入的电容器组。

过补偿报警指示灯：当所有的电容器组已切除电网功率因数值仍然高于目标功率因数值，则表示过补偿此指示灯会亮。

欠补偿报警指示灯 当所有的电容器组已投入电网功率因数值仍然低于目标功率因数值，则表示欠补偿此指示灯会亮。

(8)按键。

⊙相选择及数码显示位选择按键：

在手动运行或自动运行状态下，操作此键循环选择目标相(合相、A、B、C)。注：在手动运行状态下，如用户发现不能手动投入时应检查相选择是否正确。

在参数预置状态下，操作此键循环选择要增加、递减的是数码管显示位。被选中的数码管显示位以 1Hz 频率闪显。并不是每个要预置的参数都有，只有被预置的参数的数值比较大、有多位数时，此键才会自动生效。

⊙递增按键：

在自动运行状态下，操作此键如操作面板所示递增循环选择显示电力参数。

在手动运行状态下，操作此键投入相指示灯(合相、A、B、C)指示相的电容器组。

在参数预置状态下，操作此键如操作面板所示递增选择控制参数或控制参数数值加 1。

⊙递减按键：

在自动运行状态下，操作此键如操作面板所示递减循环选择显示电力参数。

在手动运行状态下，操作此键切除相指示灯(合相、A、B、C)指示的相的电容器组。

在参数预置状态下，操作此键如操作面板所示递减选择控制参数或控制参数数值减 1。

⊙设置按键：

在手动运行或自动运行状态下，持续按此键 2 秒，控制器将进入参数预置状态，点击按此键循环选择显示电力参数。

在参数预置状态下，持续按此键 2 秒，控制器将退出参数预置状态，点击按此键可将控制参数在修改状态与选择状态之间切换。

七、JKWFC-18Z 补偿参数的使用说明

1.补偿方案

补偿方案的概念是指控制器输出共补和各相分补驱动信号的路数。

(1)用户在使用本控制器之前应根据补偿装置工作现场电力参数的特点首先确立补偿的总容量，然后确立共补总容量和分补总容量。

(2)根据共补总容量可确定共补电容器的只数。

(3)根据分补总容量可确定各相分补电容器的只数。

受硬件的限制,对于 JKWFC-18Z 型的控制器总输出回路数不得大于18;否则用户应重新规划每只电容器的容量使其总输出路数在允许范围内。

(4)有了共补电容器的只数和各相分补电容器的只数,就可以确定补偿方案。

举例1:某用户的补偿装置需要安装共补电容器组 15 只,由于三相负载非常平衡,故未使用分补电容器。那么此用户应选用 18−0 补偿方案,共补输出回路选 15,分补输出回路选 0。

举例2:某用户的补偿装置需要安装共补电容器组 10 只,由于三相负载稍有不平衡,故每相各使用 1 只分补电容器。那么此用户应选用 12−2 补偿方案,共补输出回路选 10,分补输出回路选 1。

举例3:某用户的补偿装置需要安装共补电容器组 3 只,由于三相负载中度不平衡,故每相各使用 3 只分补电容器。那么此用户应选用 6−4 补偿方案,共补输出回路选 3,分补输出回路选 3。

举例4:某用户三相负载非常不平衡,故每相各使用 5 只分补电容器,共补电容器未使用。那么此用户应选用 3−5 补偿方案,共补输出回路选 0,分补输出回路选 5。

2.输出编码

输出编码是指控制器输出电容器组投切控制信号的方式,而输出方式直接与电容器组容量的大小搭配方式有关。

一般传统的控制器都只有一种编码方式即等容量(1:1:1:…:1)循环投切,电网所要补偿的容性无功功率的数值往往是连续的且不分等级的,受硬件条件的限制补偿装置提供的容性无功功率通常都是有限的几种等级数值,这是一对供需矛盾,这对矛盾在系统负载比较小时表现最为突出,现举例说明如下:某用户有一只 315kVA 的变压器,补偿总容量为 100kvar,用 20kvar 的电容器组共 5 只,控制器采用市面上常用的 JKG 型控制器,此控制器的控制物理量是功率因数,目标功率因数投入门限是滞后 0.92,切除门限是滞后 0.99。在晚上的某时刻,发现系统功率因数为滞后 0.60,视在功率为 12.5kVA,感性无功功率为 10kvar,控制器不停地进行投切动作。分析其原因,是由于单组电容器的容量(20kvar)远远大于系统所需补偿容量(10kvar)所致,当控制器没有投入电容器组时系统功率因数是 0.60,根据 JKG 型控制器控制原理系统功率因数低于目标功率因数时控制器必须投入电容器组,当电容器组投入后由于多补偿了 10kvar 的容性无功功率,使得补偿后的功率因数从感性的 0.60 变成了容性 0.60,由于 JKG 型控制器的切除功率因数门限是滞后 0.98,所以控制器又需要切除刚投入的电容器组,这样就会不停地来回重复动作,专业术语叫投切震荡,其弊端有两点:第一,频繁而无意义的投切动作大大缩短了电容器组和交流接触器的使用寿命;第二,电力系统虽然安装了补偿装置却达不到预期的补偿效果。以上现象大部分用户都会遇上,不同的是情况有轻有重而已,要解决以上问题我们认为只要做到以下三点即可:第一,控制器的投切控制物理量必须取无功功率;第二,所有电容器组不能取等容量,应进行大小搭配;第三,控制器应具有自动挑选合适电容器容量的能力。而 JKWFC-18Z 控制器就具备这三点。对于为了适应电网负载大小变化而进行电容器容量大小搭配的做法在本书中被称为输出编码,既然是编码,那么电容器容量的大小就不能随意给定,它应符合一定的规则,本控制器提供了 11 种电容容量比例大小搭配方案,它们分别是:

Pr-1⇒　1:1:1:1:1:…:1　　　　　　Pr-2⇒　1:2:2:2:2:…:2

Pr-3⇒　1:2:4:4:4:…:4　　　　　　Pr-4⇒　1:2:4:8:8:…:8

Pr-5⇒　1:1:2:2:2:…:2　　　　　　Pr-6⇒　1:1:2:4:4:…:4

Pr-7⇒　1:1:2:4:8:…:8　　　　　　Pr-8⇒　1:2:3:3:3:…:3

Pr-9⇒　1:2:3:6:6:…:6　　　　　　Pr-10⇒　1:1:2:3:3:…:3

Pr-11⇒　1:1:2:3:6:…:6

下面我们用 JKWFC-18Z 控制器来解决上面例子的问题。

根据该电网参数的特点,我们选 Pr-3 编码方案,根据补偿总容量和 Pr-3 编码方案的容量比例关系:第一回路取 5kvar、第二回路取 10kvar、第三回路取 20kvar、第四回路取 20kvar、第五回路取 20kvar、第六回路取 20kvar,共 6 只电容器组。当电网需要 10kvar 时控制器只要投入第二回路即可,当需要 15kvar 时只要投入第一、第二回路即可,当需要 20kvar 时只要投入第三回路即可。投入容量的选择 JKWFC-18Z 可自动完成。由于 JK-WFC-18Z 控制器采用无功功率控制电容器组的投切,所以它没有投切震荡的问题。

3.第一只电容器容量

JKWFC-18Z 控制器采用无功功率作为投切电容器组的控制物理量,它必须知道自己驱动的每一回路电容器的容量。由于控制器采用了输出编码控制参数,此参数指定了每组电容器之间的容量比例关系,所以只要用户输入第一回路共、分补电容器组的容量和输出编码,控制器就能根据这两个参数自动计算出剩余回路电容器组的容量。使用时用户必须输入共补第一回路电容器容量和分补第一回路电容器容量。

4.在不同补偿方案和不同输出回路下每个输出端子的功能的定义

JKWFC-18Z 控制器共有 18 路输出,分别编号 1,2,3,…,18;JKWFC-18Z 控制器在不同补偿方案和不同输出回路下将按 A 相分补第一回路、第二回路、……B 相分补第一回路、第二回路、……C 相分补第一回路、第二回路、……共补第一回路、第二回路、……的排列顺序分配输出控制端子。

例如,某用户使用的是 JKWFC-18Z 控制器,选择的补偿方案是 6-4,即表示共补最多驱动 6 只电容器组,分补最多每相驱动 4 只电容器组,选择共补输出回路为 5 即表示虽然共补有 6 个回路可用,但用户只使用 5 个回路,选择分补输出回路为 3,按规则控制相位与输出端子的对应关系如表 4.1.1 所示。

表 4.1.1　补偿方案 6-4 相应端子关系

端子号	K_1	K_2	K_3	K_4	K_5	K_6	K_7	K_8	K_9
相对应	A_1	A_2	A_3	B_1	B_2	B_3	C_1	C_2	C_3
端子号	K_{10}	K_{11}	K_{12}	K_{13}	K_{14}	K_{15}	K_{16}	K_{17}	K_{18}
相对应	G_1	G_2	G_3	G_4	G_5	空	空	空	空

例如,某用户使用的是 JKWFC-18Z 控制器,选择的补偿方案是 3－5,即表示共补最多驱动 3 只电容器组,分补最多每相驱动 5 只电容器组,选择共补输出回路为 2 即表示虽然共补有 3 个回路可用,但用户只使用 2 个回路,选择分补输出回路为 4 即表示虽然分补每相有 5 个回路可用,但用户只使用 4 个回路。按规则控制相位与输出端子的对应关系如表 4.1.2 所示。

表 4.1.2　补偿方案 3－5 相应端子关系

端子号	K_1	K_2	K_3	K_4	K_5	K_6	K_7	K_8	K_9
相对应	A_1	A_2	A_3	A_4	B_1	B_2	B_3	B_4	C_1
端子号	K_{10}	K_{11}	K_{12}	K_{13}	K_{14}	K_{15}	K_{16}	K_{17}	K_{18}
相对应	C_2	C_3	C_4	G_1	G_2	空	空	空	空

注:在以上列举中 "A_1"表示 A 相第一回路,"A_2"表示 A 相第二回路,……

　　　　"B_1"表示 B 相第一回路,"B_2"表示 B 相第二回路,……

　　　　"C_1"表示 C 相第一回路,"C_2"表示 C 相第二回路,……

　　　　"G_1"表示共补第一回路,"G_2"表示共补第二回路,……

5.JKWFC-18Z 控制器的工作原理

JKWFC-18Z 控制器采用功率因数和无功功率两个控制参数控制电容器组的投切,当电网功率因数为感性时,且功率因数低于目标功率因数加上目标功率因数乘以 5％时,JKWFC-18Z 控制器便计算将当前电网的功率因数提升到目标功率因数时所需要补偿的容性无功功率,当所需无功功率大于单组最小电容器组容量的 0.65 倍时,控制器就决定投入电容器组,经过用户定义的延时时间后控制器马上投入控制信号;当所需无功功率远远大于最小电容器容量时,控制器可能一次性投入多只电容器组一次性的到位补偿,避免了多余的投切环节,提高了接触器和电容器的使用寿命;当补偿无功功率小于单组电容器最小值的 65％时,JKWFC-18Z 将拒绝投入。

当电网功率因数为容性,且功率因数低于目标功率因数减去目标功率因数乘以 5％时,JKWFC-18Z 控制器便计算需要切除的容性无功功率,当所需切除的无功功率大于单组最小电容器组容量的 65％时,控制器就决定切除电容器组,经过用户定义的延时时间后控制器马上切除控制信号;当所需切除无功功率远远大于最小电容器容量时,控制器可能一次性切除多只电容器组一次性的到位补偿,避免了多余的环节,提高了接触器和电容器的使用寿命;当切除无功功率小于单组电容器最小值的 65％时,JKWFC-18Z 控制器将拒绝切除。

6.报警原因

(1)过电压、欠电压、过畸变门限报警

当任意相信号电压超过用户预置的保护电压(＋7.0V)值超 6 秒时,过电压报警指示灯亮;在过电压状态下当信号电压低于或等于保护电压(－7.0V)超 6 秒时,过电压报警指示灯灭。在过压下,JKWFC-18Z 控制器将按每步 1 秒的延时切除已投入电容器组。当信号电压高于 260V 或低于 170V 时 JKWFC-18Z 控制器将在 1 秒中内切除所有电容器组,同时过电压报警指示灯亮。

当电网畸变率超过用户预置的畸变率门限(+1%)值超 6 秒时,过电压、欠电压、过畸变门限指示灯闪烁;在过畸变门限状态下当畸变率低于或等于畸变率门限(-1%)超 6 秒时,过电压、欠电压、过畸变门限指示灯灭。当畸变率超过门限值时,JKWFC-18Z 控制器将在 1 秒中内切除所有电容器组。

(2)过补偿报警

当交流接触器卡住或触点烧结致使 JKWFC-18Z 控制信号失去控制作用或以照明为主要负载的电网系统中有可能电网显容性致使系统功率因数高于目标功率时,过补偿报警指示灯亮。

(3)欠补偿报警

电容器的容量随使用时间的增加而减少或高分断保险丝脱落,致使电容器组投入信号发出后系统功率因数仍达不到目标功率因数值,这时欠补偿报警指示灯亮。

7. 出厂参数

(1)自动/手动运行:自动 (2)目标功率因数:0.90

(3)投入延时时间:10 秒 (4)切除延时:10 秒

(5)共补输出回路:18 (6)分补输出回路:每相 0 路

(7)共补输出编码:Pr—1 (8)分补输出编码:Pr—1

(9)共补第一回路电容器容量:10.0kvar (10)分补第一回路电容器容量:5.0kvar

(11)总电流互感器变比:500 (12)过压门限:240V

(13)补偿方案:18—0 (14)通信地址:1

(15)通信波特率:9600 (16)电压畸变率:2%

8. 通信接口

JKWFC-18Z 控制器提供一个光电隔离的 RS485 通信接口,使用标准的通信协议(MODBUS-RTU)以方便第 3 方用户进行 2 次开发。有关具体协议内容请参照相应的通信协议说明书。RS485 接口支持网络连接,本仪表可以支持 32 台设备连接在一个网络之内,在一个网络内每台设备都有一个唯一的设备地址以及相同的通信波特率和通信协议。为了防止在现场使用中出现信号反射影响通信质量,一般应在 RS485 网络末端并联一只 120Ω 的电阻进行信号匹配。

任务二 无功补偿控制系统的电容投切

技能训练 1 电容器投切手动控制实训(接触器投切电容)

一、实训目的

(1)掌握手动控制电容器的投入方法。

(2)熟悉接触器投切电容的工作原理。

(3)掌握接触器投切电容的方法。

二、实训仪器与材料

综合实训柜 YD-STD2000 1 套,无功功率自动补偿控制器 JKWFC-18Z 1 台,电力电容 BKMJ2-0.48-25-3 1 套,插拔线若干。

三、实训内容与步骤

(1)检查电容器是否正常。把复合开关的位置扳到手动位置,并按照图 4.2.1 所示操作方式进行运行方式的选择。

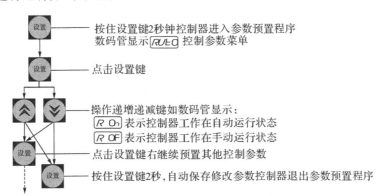

设置 ── 按住设置键2秒钟控制器进入参数预置程序
　　　　 数码管显示 $\boxed{RUEC}$ 控制参数菜单

设置 ── 点击设置键

⋀ ⋁ ── 操作递增递减键如数码管显示:
　　　　 $\boxed{R\ O}$ 表示控制器工作在自动运行状态
　　　　 $\boxed{R\ OF}$ 表示控制器工作在手动运行状态
设置 ── 点击设置键右继续预置其他控制参数

设置 ── 按住设置键2秒,自动保存修改参数控制器退出参数预置程序

特别提醒:手动运行与自动运行功能的选择是通过此控制参数的选择间接完成的,换一种方式说控制器具有记忆工作状态的功能。

图 4.2.1　操作流程

(2)负载的有功、无功功率用 YD-STD2202 智能电力测控仪监测。

(3)对照已接好线的电容补偿控制柜进行电容投切试验,在投入电容器前,先记录补偿前的各项技术参数,如电压、电流、功率因数等,然后分组进行电容器的投切,分别记录每次投入电容器后的各项参数。

(4)接触器控制的电容补偿如图 4.2.2 所示。

四、分析与思考

(1)电容器柜中避雷器有什么作用?其型号规格是什么?

(2)仪表上的电流是如何反映出来的?

(3)低压电容器一般采用什么形式的接法?

(4)电力电容器投切需要注意哪些事项?

图 4.2.2　接触器控制的电容补偿屏

技能训练 2　电流电压极性接反时的功率比较

一、实训目的

(1)掌握有功功率的计算方法。

(2)了解 YD-STD2202 的功能特点。

(3)理解 $P=UI\cos\Phi$，即有功功率等于电压、电流、电压电流相位差余弦值三者的乘积。

二、实训仪器与材料

综合实训柜 YD-STD2000 10 套,三相异步电动机 Y132M-4 1 台,插拔导线 BV-1.5 若干。

三、实训内容与步骤(三相四线接法)

(1)用插拔线一端插在电气实训柜电源输出部分的 U_a、U_b、U_c、U_n 孔位。

(2)上述插拔线的另一端插在电气实训柜电量测量单元 U_1 智能电力监测部分的 YD-STD2202 表的 U_a、U_b、U_c、U_n 孔位。

(3)用插拔线一端插在电气实训柜电源输出部分的 I_a^* 孔位,插拔线另一端插在电气实训柜电量测量单元 U_2 互感器部分的 CT1P1 孔位。

(4)用插拔线一端插在电气实训柜电量测量单元 U_2 互感器部分的 CT1P2 孔位,插拔线另一端插在电气实训柜电源输出部分的 I_a 孔位。

(5)用插拔线一端插在电气实训柜电量测量单元 U_2 互感器部分的 CT1S1 孔位,插拔线另一端插在电气实训柜电量测量单元 U_1 智能电力监测部分的 I_a^* 孔位。

(6)用插拔线一端插在电气实训柜电量测量单元 U_2 互感器部分的 CT1S2 孔位,插拔线另一端插在电气实训柜电量测量单元 U_1 智能电力监测部分的 I_a 孔位。

(7)按上述(2)—(6)步骤连接电气实训柜电源输出部分的另两组电流输出 I_b、I_c。

(8)打开电气实训柜电源输出部分的 4P 开关。

(9)打开电气实训柜电量测量单元 U_1 智能电力监测的 1P 开关。

(10)依次打开电气实训柜电源输出部分的 ABC3 个 1P 开关。

(11)观察电气实训柜 U_1 智能电力监测部分的表面显示,记录下电流 I_{a1},电压 U_{a1},有功功率 P_{a1} 的数据于表 4.2.2 中。

(12)先关断 U_1 上 1P 开关和依次关断 ABC 3 个 1P 开关,后关断 4P 开关。

(13)在单元 U_1 上的 I_a^* 孔位与 I_a 孔位插拔线互换位置插好。

(14)先打开 4P 开关,然后打开 U_1 上 1P 开关和依次打开 ABC 3 个 1P 开关.

(15)观察电气实训柜 U_1 智能电力监测部分的表面显示,记录下电流 I_{a2},电压 U_{a2},有功功率 P_{a2} 的数据于表 4.2.1 中。

表 4.2.1　实验数据记录(两组电流、电压、分相有功功率进行对比)

项目	电流 I_a	电压 U_a	有功功率 P_a
正确接入(下标为 1)			
A 相电流反接(下标为 2)			

注:$P=UI\cos\Phi$

四、分析与思考

(1)电流接入电力互感器为什么有方向?

(2)功率为负,电流电压的相位差是多少度?

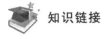 知识链接　　　　　正弦交流电路中的无功补偿

一、阻抗的计算

在实际的电路中,除白炽灯照明电路为纯电阻电路外,其他电路几乎都包含了电感或

电容的复杂混合电路。

1. RLC 串联交流电路的阻抗与向量形式的欧姆定理

电阻、电感与电容元件串联的交流电路如图 4.2.3(a)所示,注意在电路中的各元件通过同一电流 i。

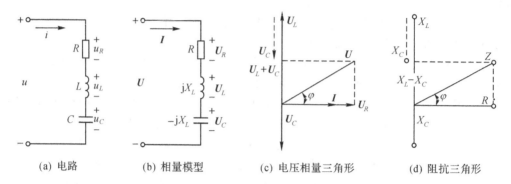

| (a) 电路 | (b) 相量模型 | (c) 电压相量三角形 | (d) 阻抗三角形 |

图 4.2.3 RLC 串联的交流电路

根据基尔霍夫电压定律可列出

$$u = u_R + u_L + u_C = iR + L\frac{\mathrm{d}i}{\mathrm{d}t} + C\int i\,\mathrm{d}t$$

设电流 $\quad i = I_{\mathrm{m}}\sin\omega t$,代入上式得:

$$u = u_R + u_L + u_C = I_{\mathrm{m}}R\sin\omega t + \omega L I_{\mathrm{m}}\sin(\omega t + 90°) + \frac{I_{\mathrm{m}}}{\omega C}\sin(\omega t - 90°)$$

如图 4.2.3(b)所示,上式各正弦量用有效值向量表示后,则有:

$$U = U_R + U_L + U_C = RI + \mathrm{j}X_L I - \mathrm{j}X_C I$$

该式称为向量形式的基尔霍夫定理。

上式又可写成:$U = [R + j(X_L - X_C)]I$,习惯上称此式为正弦交流电路的向量式欧姆定理。

令: $\quad X = X_L - X_C, \quad Z = R + \mathrm{j}(X_L - X_C) = R + \mathrm{j}X$

上述两式中,X 称为电抗,表示电路中电感和电容对交流电流的阻碍作用的大小,单位为欧姆(Ω);Z 称为复阻抗,它描述了 RLC 串联交流电路对电流的阻碍以及使电流相对电压发生的相移。在阻抗的联接中将详细介绍复阻抗 Z 及向量式欧姆定理的应用。

2. 电流电压关系与电压三角形、阻抗与阻抗三角形

因为电路中各元件上电流相同,故以电流 I 为参考向量,作出电路的电流与电压向量图如图 4.2.3(c)所示。在向量图上,各元件电压 u_R、u_L、u_C 的向量 U_R、U_L、U_C 相加即可得出电源电压 u 的向量 U。由于电压向量 U、U_R 及($U_L + U_C$)组成了一个直角三角形,故称这个三角形为电压三角形。

利用电压三角形,便可求出电源电压的有效值,即:

$$U = I\sqrt{R^2 + (X_L - X_C)^2}$$

由上式可见,这种电路中电压与电流的有效值(或幅值)之比为 $\sqrt{R^2 + (X_L - X_C)^2}$,

它就是复阻抗 Z 的模,单位是欧姆,对电流起阻碍作用,所以称之为电路的阻抗,用 $|Z|$ 表示,即：

$$|Z| = \sqrt{R^2 + (X_L - X_C)^2} = \sqrt{R^2 + \left(\omega L - \frac{1}{\omega C}\right)^2}$$

有了阻抗 $|Z|$,则电源电压的有效值可表示为：

$$U = I|Z|$$

即 RLC 串联电路中的电流与电压的有效值符合欧姆定理。

另外,据 $|Z| = \sqrt{R^2 + (X_L - X_C)^2}$, $|Z|$、R、$(X_L - X_C)$ 三者之间的关系也可用一个阻抗三角形来表示,阻抗三角形是一个直角三角形,如图 4.2.3(d)所示。阻抗三角形和电压三角形是相似三角形,故电源电压 u 与电流 i 之间的相位差 φ 既可以从电压三角形得出,也可以从阻抗三角形得出：

$$\varphi = \arctan \frac{U_L - U_C}{U_R} = \arctan \frac{X_L - X_C}{R}$$

从式中可以看出,电压与电流的相位差 φ 也是复阻抗 Z 的复角,又称为阻抗的阻抗角。故复阻抗 Z 可表示为：

$$Z = |Z| \angle \varphi \quad 或 \quad Z = |Z| e^{j\varphi}$$

而且,从前面的分析可知,复阻抗 Z 的模表示了电路对交流电流阻碍作用的大小,复角 φ 表示电路使交流电流相对于电压的相移,故前面我们说：复阻抗 Z 描述了交流电路对电流的阻碍以及三角形使电流相对电压发生的相移。

3.电路的性质

阻抗 $|Z|$、电阻 R、感抗 X_L,及容抗 X_C 不仅表示电压 u 及其分量 u_R 以及 u_C 与电流 i 之间的大小关系,而且也表示它们之间的相位关系。随着电路参数的不同,电压 u 与电流 i 之间的相位差 φ 也就不同,因此,φ 角的大小是由电路(负载)的参数决定的。我们一般根据 φ 角的大小来确定电路的性质。

(1)如果 $X_L > X_C$,则在相位上电流 i 比电压 u 滞后,$\varphi > 0$,这种电路是电感性的,简称为感性电路。

(2)如果 $X_L < X_C$,则在相位上电流 i 比电压 u 超前,$\varphi < 0$,这种电路是电容性的,简称为容性电路。

(3)当 $X_L = X_C$,即 $\varphi = 0$ 时,则电流 i 与电压 u 同相,这种电路是电阻性的,称为谐振电路。谐振电路后面我们将详细介绍。

4.阻抗的联接

实际的交流电路往往不只是 RLC 串联电路,它可能是同时包含电阻、电感和电容的复杂的混联电路。在这些交流电路中用复阻抗来表示电路各部分对电流与电压的作用,所以我们可以像向量法分析直流电路一样来分析正弦交流电路。

(1)阻抗的串联

如果 R、L、C 串联,则如图 4.2.4 所示,其电路等效复阻抗为：

$$Z = R + jX_L + (-jX_C)$$

即 R、L、C 串联电路的等效复阻抗为各元件的复阻抗之和。

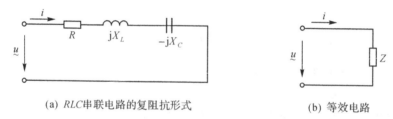

(a) RLC串联电路的复阻抗形式   (b) 等效电路

图 4.2.4 RLC 串联电路的复阻抗

如图 4.2.5(a)所示为两复阻抗串联电路。

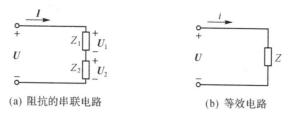

(a) 阻抗的串联电路   (b) 等效电路

图 4.2.5   阻抗的串联

由基尔霍夫电压定律可得:

$$U = U_1 + U_2 = IZ_1 + IZ_2 = I(Z_1 + Z_2) = IZ$$

式中:Z 称为串联电路的等效阻抗。可见:

$$Z = Z_1 + Z_2$$

即串联电路的等效复阻抗等于各串联复阻抗之和。图 4.2.5(a)可等效简化为图 4.2.5(b)。

注意,复阻抗是复数运算,一般情况下 $|Z| \neq |Z_1| + |Z_2|$。

(2)阻抗的并联

图 4.2.6(a)所示是两阻抗并联电路。由基尔霍夫电流定律可得:

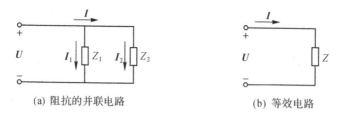

(a) 阻抗的并联电路   (b) 等效电路

图 4.2.6   阻抗的并联

$$I = I_1 + I = \frac{U}{Z_1} + \frac{U}{Z_2} = U\left(\frac{1}{Z_1} + \frac{1}{Z_2}\right) = \frac{U}{Z}$$

式中:Z 称为并联电路的等效阻抗,可得:

$$\frac{1}{Z} = \frac{1}{Z_1} + \frac{1}{Z_2}$$

即并联电路等效阻抗的倒数等于各并联阻抗倒数的和。图 4.2.6(a)可等效简化为图 4.2.6(b)。

二、功率因数的提高

实际用电设备的功率因数都在 1 和 0 之间,例如,白炽灯的功率因数接近 1,日光灯在 0.5 左右,工农业生产中大量使用的异步电动机满载时可达 0.9 左右,而空载时会降到 0.2 左右,交流电焊机只有 0.3~0.4,交流电磁铁甚至低到 0.1。由于电力系统中接有大量的感性负载,所以线路的功率因数一般不高。这时电路中存在无功功率 $Q = UI\sin\varphi$。无功功率的出现,使其中有一部分能量在电源与负载之间进行能量互换,同时增加了线路的功率损耗。

1. 提高功率因数的意义

(1)电源设备得到充分利用

一般交流电源设备(发电机、变压器)都是根据额定电压 U_N 和额定电流 I_N 来进行设计、制造和使用的。它能够供给负载的有功功率为 $P_1 = U_N I_N \cos\varphi$。当 U_N 和 I_N 为定值时,若 $\cos\varphi$ 低,则负载吸收的功率低,因而电源供给的有功功率 P_1 也低,这样电源的潜力就没有得到充分发挥。例如,额定容量为 $S_N = 100 \text{ kV} \cdot \text{A}$ 的变压器,若负载的功率因数 $\cos\varphi = 1$,则变压器额定运行时,可输出有功功率为 100kW;若负载的 $\cos\varphi = 0.2$,则变压器额定运行时只能输出 20kW。显然,这时变压器没有得到充分利用。因此,提高负载的功率因数,可以使电源设备的容量得到充分利用。

(2)降低线路损耗和线路压降

输电线上的损耗为 $P_1 = I^2 R_1$(R_1 为线路电阻),线路压降为 $U_1 = IR_1$,而线路电流 $I = \dfrac{P_1}{U\cos\varphi}$。由此可见,当电源电压 U 及输出有功功率 P_1 一定时,提高 $\cos\varphi$ 仍可以使线路电流减小,从而降低了传输线上的损耗,提高了传输效率;同时,线路上的压降减小,使负载的端电压变化减小,提高了供电质量。因此,在相同的线路损耗的情况下,可以节约铜材。因为 $\cos\varphi$ 提高,电流减小,在 P_1 一定时,线路电阻可以增大,故传输导线可以细些,节约了铜材。

2. 提高功率因数的方法

功率因数不高,根本原因就是由于电感性负载的存在。例如,工程施工中常用的异步电动机,在额定负载时功率因数约为 0.7~0.9,如果在轻载时其功率因数就更低。提高功率因数的方法除了提高用电设备本身的功率因数,如正确选用异步电动机的容量、减少轻载和空载以外,主要采用在感性负载两端并联电容器的方法对无功功率进行补偿。如图 4.2.7(a)所示。

设负载的端电压为 U,在未并联电容时,感性负载中的电流为:

$$\boldsymbol{I}_1 = \frac{\boldsymbol{U}}{Z_1} = \frac{\boldsymbol{U}}{R + jX_L} = \frac{\boldsymbol{U}}{|Z_1| \angle \varphi_1} = \frac{\boldsymbol{U}}{|Z_1|} \angle -\varphi_1$$

当并联上电容后,$\boldsymbol{I}_1$ 不变,而电容支路有电流:

$$\boldsymbol{I}_C = \frac{\boldsymbol{U}}{-jX_C} = j\frac{\boldsymbol{U}}{X_C}$$

故线路电流为:

$$I = I_1 + I_C$$

向量图如图 4.2.7(b)所示。

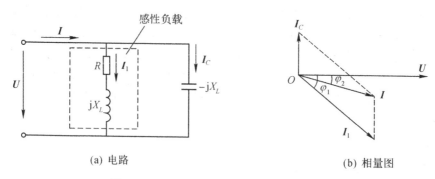

(a) 电路   (b) 相量图

图 4.2.7 感性负载并联电容提高功率因数

向量图表明,在感性负载的两端并联适当的电容,可使电压与电流的相位差 φ 减小,即原来是 φ_1,现减小为 φ_2,$\varphi_2 < \varphi_1$,故 $\cos\varphi_2 > \cos\varphi_1$,同时线路电流由 I_1 减小为 I。这时能量互换部分发生在感性负载与电容器之间,因而使电源设备的容量得到充分利用,线路上的能耗和压降也减小了。然而又不能将功率因素提高到 1 或使负载并联后变为容性电路,这是因为这样做将加大投入补偿电容设备的投资,而且效果并不明显,因此并联电容的大小选择要适当,在保证提高功率因素的前提下,尽可能采用容量小的电容。

例如,在电压为 220V,频率为 50Hz 的电路中,接入一台 $\cos\varphi_1 = 0.7$,功率 $P = 6\text{kW}$ 的感性负载,试求:(1)将 $\cos\varphi_1$ 提高到 0.9 时所需并联电容器的容量;(2)并联电容器前后的线路电流。

解:(1)并联电容前 $\cos\varphi_1 = 0.7$

则 $\varphi_1 = 45.6°$

并联电容后 $\cos\varphi_2 = 0.9$

                 $\varphi_2 = 25.9°$

代入并联电容公式得:

$$C = \frac{P}{\omega U^2}(\tan\varphi_1 - \tan\varphi_2) = \frac{6 \times 10^3}{2 \times 3.14 \times 50 \times 220^2}(\tan 45.6° - \tan 25.9°)$$

$$= 212\mu\text{F}$$

(2)并联电容器前后的线路电流为:

$$I_1 = \frac{P}{U\cos\varphi_1} = \frac{6 \times 10^3}{220 \times 0.7} = 39\text{A}$$

$$I_2 = \frac{P}{U\cos\varphi_2} = \frac{6 \times 10^3}{220 \times 0.9} = 30.3\text{A}$$

模块五
电动机保护单元

任务一　三相交流电动机的安装

技能训练　三相电机的认识与接线

一、实训目的

1.认识三相电机。
2.学会三相电机的接线。

二、实训仪器与材料

三相电机一台,电气实训柜。

注:三相电机是指当电机的三相定子绕组(各相差120°电角度),通入三相交流电后,将产生一个旋转磁场,该旋转磁场切割转子绕组,从而在转子绕组中产生感应电流(转子绕组是闭合通路),载流的转子导体在定子旋转磁场作用下将产生电磁力,从而在电机转轴上形成电磁转矩,驱动电动机旋转,并且电机旋转方向与旋转磁场方向相同。其外形如图 5.1.1 所示。

图 5.1.1　三相电机

三、实训内容与步骤

(1)观察三相电机的外形结构。
(2)观察认识三相电机的铭牌数据。
注:铭牌主要数据如下:
额定功率:指电动机在额定运行状态时输出的机械功率,单位为 kW。
额定电压:指额定运行状态下,电网加在定子绕组的线电压,单位为 V。

额定电流:指电动机在额定电压下使用,输出额定功率时,定子绕组中的线电流,单位为 A。

额定频率:我国规定标准工业用电的频率为 50Hz。

额定转速:指电动机在额定电压、额定频率及额定功率下的转速,单位是 r/min。

(3)三相电机的接线。

①Y 形接线。U_1、V_1、W_1 接入 U_a、U_b、U_c,U_2、V_2、W_2 短接。

②△形接线。U_1、V_1、W_1 接入 U_a、U_b、U_c,U_2、V_2、W_2 接入 U_c、U_b、U_a。

③实训内容与步骤(所用实训柜模块为 U_2 电机按照 Y—△降压启动控制接线图接线)。

(a)接线前确保所有的设备不带电;电机 U_2、V_2、W_2 短接——Y 开接线。

(b)U_1、V_1、W_1 接入 U_1、V_1、W_1。

(c)L_1、L_2、L_3 接入电源板的 U_a、U_b、U_c;合闸观察电机是否正常运转。

(d)U_1、V_1、W_1 接入电机的 U_1、V_1、W_1,U_2、V_2、W_2 接入电机的 W_2、V_2、U_2——△形接线

(e)L_1、L_2、L_3 接入电源板的 U_a、U_b、U_c;合闸观察电机是否正常运转。

四、分析与思考

1.对比电机 Y 形接线方式与△形接线方式的异同。

2.Y 形与△形接线方式中,如何接线时电动机转速快? 为什么?

 知识链接 **电动机的结构及工作原理**

一、电动机的结构

三相异步电动机主要由定子、转子两部分组成。定子由定子铁芯、定子绕组和机座组成。

定子铁芯是电动机的磁路部分,由彼此绝缘的硅钢片叠成,目的是减小铁损(涡流和磁滞损耗)。硅钢片内圆冲有均匀分布的槽口用来嵌放线圈。整个铁芯被固定在铸铁机座内。绕组是电动机的电路部分,三组均匀分布,空间位置彼此相差 120°。机座用于容纳定子铁芯和绕组并固定端盖,起保护和散热作用,如图 5.1.2 所示。

转子由转子铁芯、转子绕组和转轴三部分组成。转轴:输出机械转矩。铁芯:由外圆冲有均匀槽口、彼此绝缘的硅钢片叠成。由转子铁芯的结构可分为笼型转子和绕线型转子(见图 5.1.3)。

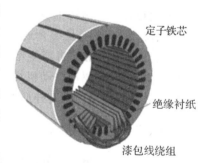

图 5.1.2 电动机的定子结构

三相转子绕组通常连接成星形,三个末端连在一起,三个首端分别与转轴上的三个滑

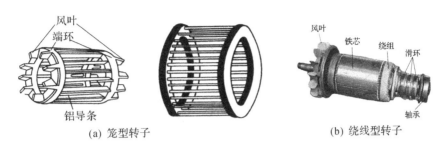

(a) 笼型转子　　　　　　　　　　(b) 绕线型转子

图 5.1.3　三相异步电动机的转子和绕组

环(滑环与轴绝缘且滑环间相互绝缘)相连,通过滑环和电刷接到外部的变阻器上,以便改善电机的启动和调速性能。

其他附件有端盖、轴承、轴承盖、风扇叶、接线盒。

二、工作原理

1. 旋转磁场的产生

在空间位置上互差 120°的三相对称绕组(见图 5.1.4)中通入三相对称电流产生旋转磁场;转子导体切割旋转磁场感应电动势和电流;转子载流导体在磁场中受到电磁力的作用,从而形成电磁转矩,驱使电动机转子转动。

约定:电流为正时,电流由线圈的首端流进,末端流出;电流为负时,电流由线圈的末端流进,首端流出。如图 5.1.5(a)所示。

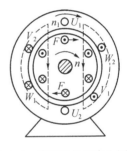

图 5.1.4　旋转磁场的产生原理

三相电流产生的合成磁场是一旋转的磁场,即一个电流周期,旋转磁场在空间转过 360°。旋转磁场的旋转方向取决于三相电流的相序。如图 5.1.5(b)所示。

2. 旋转磁场的磁极

旋转磁场的磁极对数 P,取决于三项定子绕组。若三相绕组的每相绕组由一个线圈组成,则合成磁场只有一对磁极即极对数 $P=1$,如图 5.1.6(a)所示。

若将每相绕组分成两段,按图 5.1.6(b)。放入定子槽内,形成的磁场则是两对磁极,即 $P=2$,如图 5.1.6(b)所示。

3. 旋转磁场的转速

旋转磁场的转速取决于磁场的极对数。旋转磁场转速 n_0 与极对数 P 的关系为:

$$n_0 = \frac{60f}{P}$$

常见的旋转磁场转速如表 5.1.1 所示。

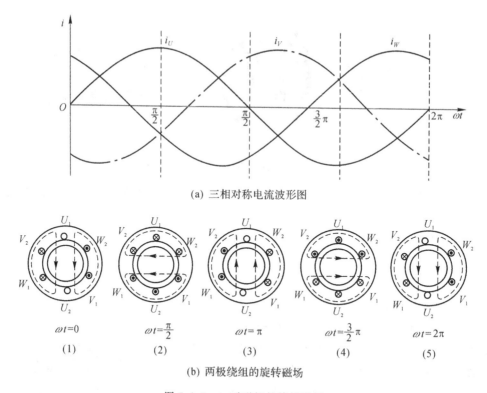

(a) 三相对称电流波形图

(b) 两极绕组的旋转磁场

图 5.1.5 一对磁极的旋转磁场

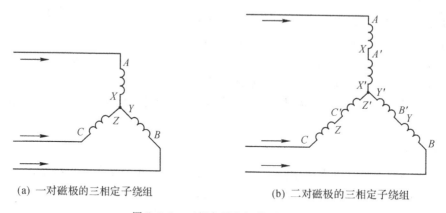

(a) 一对磁极的三相定子绕组

(b) 二对磁极的三相定子绕组

图 5.1.6 三相定子绕组的磁极对数

表 5.1.1 常见的旋转磁场转速

磁极对数 P（对）	1	2	3	4	5	6
旋转磁场转速 n_1（r/min）	3000	1500	1000	750	600	500

4. 电动机的转动原理

如图 5.1.7（a）所示装置中，当磁铁逆时针转动时，可以看到置于两磁极之间的闭合导体环也跟着转动，其中的电磁作用过程为：磁极旋转→导线切割磁力线产生感应电动势

$e=Blv$(右手定则)→闭合导线产生电流 i→通电导线在磁场中受力→$F=Bli$(左手定则)。其中,B 为磁感应强度;l 为导线长度;v 为切割速度。

（a）实物　　　　　　　　　　　　　（b）截面

图 5.1.7　电动机的转动原理

在电动机中,定子三相绕组通入三相交流电,定子绕组产生旋转磁场,切割转子导体,产生感应电动势,转子绕组是闭合的,从而产生感应电流。由电磁感应原理,产生电磁力 F,从而产生电磁转矩 T,使得电动机的转子转动起来,如图 5.1.7(b)所示。

5．转差率

由前面分析可知,电动机转子转动方向与磁场旋转的方向一致,但转子转速 n 不可能达到与旋转磁场的转速相等,即 $n<n_0$,所以称为三相异步电动机。旋转磁场的同步转速和电动机转子转速之差与旋转磁场的同步转速之比称为转差率,其公式如下:

$$s=\frac{n_0-n}{n_0}\times100\%$$

由于三相异步电动机在运行时,转速 n 总是与同步转速 n_0 同向而且略低于它,所以电动机的转差率范围为 $0\sim1$。其中,$s=0$ 对应的是理想空载状态,$s=1$ 对应的是起动瞬间。一般电动机的额定转差率为 $1.5\%\sim5\%$。

三、三相异步电动机定子绕组首尾端判别方法

(1)用万用表毫安档判别。首先用摇表或万用表"Ω"档找出三相绕组每相绕组的两个引出线头。作三相绕组的假设编号 U_1、U_2、V_1、V_2、W_1、W_2。再将三相绕组假设的三首三尾分别连在一起,接上万用表,用毫安档或微安档测量。用手转电动机转子,若万用表指针不动,则假设的首尾端均正确;若万用表指针摆动,说明假设编号的首尾有错,应逐相对调重测,直到万用表指针不动为止,此时联在一起的三首三尾正确。

(2)做好假设编号后,将任意一相绕组接万用表毫安(或微安)档,另选一相绕组,用该相绕组的两个引出线头分别碰触干电池的正、负极,若万用表指针正偏转,则接干电池的负极引出线头与万用表的红表棒为首(或尾)端,如图5.1.8所示。

照此方法找出第三相绕组的首(或尾)端。

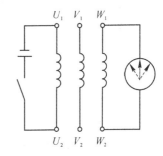

图 5.1.8　用表判别首尾端方法

任务二　电机运行的智能控制

技能训练 1　三相电机的降压启动线路

一、实训目的

(1)认识三相电机的智能降压启动。

(2)了解三相电机降压启动的接线及原理。

二、实训器材

电气实训柜、插拔线若干。

三、实训内容与步骤(实验位置:电机接触器控制单元 U_2 部分)

1. 认识 YD2310F 三相电机的接线面板及键盘按钮。

2. 按图 5.2.1 所示接线。

(1)连接主电路:导线从电源端开始逐渐接到负载端,并且分别接好以实现 Y 形连接接触器的主触点、△形连接接触器的主触点。

(2)连接控制电路。

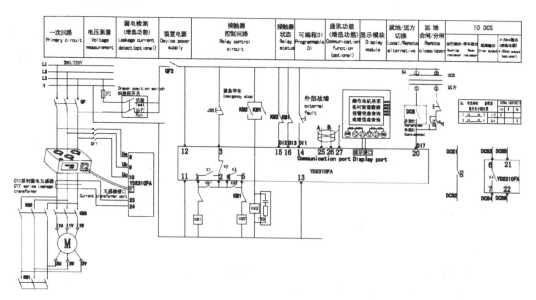

图 5.2.1　采用 YD2310FAD 三相电机的降压启动线路

3. 实验过程如下。

(1)合上断路器,按下启动按钮 SB1 观察电机的运行情况,留意接触器的 KM2,KM3 的动作顺序(用万用表测量接触器线包即 KM2A1、KM2A2 和 KM3A1、KM3A2 两端电压,带电既为接触器闭合);运行过程中按下停车按钮 SB2,观察能否正常停车。

(2)记录星三角降压启动的动作过程。

四、分析与思考

(1)根据实验记录的动作顺序,分析是否与星三角启动的原理符合。

(2)星三角降压启动的优势是什么?适合在什么场合使用?

 知识链接　　　　　　　　　　**电机启动及运行的控制**

一、传统电动机运行控制方式的缺陷

我们知道,传统的电机运行控制通过主令电器直接控制交流接触器的线圈是否得电动作和接触器的副触点自锁等一系列动作来控制电动机的启动/停止、正转/反转、Y/△、高/低速等运行模式切换的。在这种控制方式中,各种器件独立机械地工作,互相之间没有任何联系。一旦连接错误或者出现故障,只能依靠热继电器(应用最广的电机过载保护装置)动作。但热继电器功能单一、灵敏度低、误差大、稳定性差,已为广大电气工作者所认识,所有这些缺陷均会造成电机保护不可靠。事实也正是这样,尽管许多设备安装了热继电器,但电机损坏而影响正常生产的现象仍普遍存在。因此,智能电机保护控制器应运而生。

二、YD2310F 的多种电动机控制方法

YD2310F 低压电动机综合保护器为满足不同用户需求,由主控单元、互感器、显示单元、连接线四个部分组成,如图 5.2.2 所示。

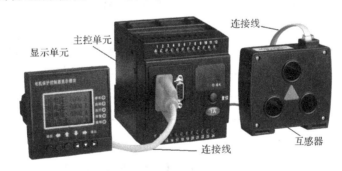

(a) 实物

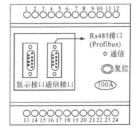

(b) 面板

图 5.2.2　YD2310F 低压电动机综合保护器

智能电机保护控制器 YD2302L/C-F 起动方式分为两种：一种是保护模式，另一种是控制模式。保护模式下保护继电器采用常闭接点，此方式只起保护作用，电动机起停是通过外部起停按键控制交流接触器，和热继电器的保护方式相同。控制模式分直接起动、双向起动、Y/△起动、自耦变压器起动，控制模式下保护继电器采用常开接点，保护器接收起动或停车命令（开关量通信命令）控制保护器内部继电器闭合或断开，相应控制交流接触器闭合或断开。下面介绍其接线端子、按键功能及控制模式的操作方法。

1. 主控制单元端子定义

主控制单元端子定义如表 5.2.1 所示。

表 5.2.1　主控制单元端子

端子编号	端子定义	注释	端子编号	端子定义	注释
1	K_1C	K_1 继电器常开接点	13	COM	公共端
2	K_{12}	K_1、K_2 继电器公共接点	14	DI_1	可编程输入
3	K_2B	K_2 继电器常闭接点	15	DI_2	交流接触器 B 状态
4	K_3	K_3 继电器常开接点	16	DI_3	交流接触器 A 状态
5	K_3C	K_3 继电器常开接点	17	DI_4	本地/远方选择
6	K_4	K_4 继电器常开接点	18	DI_5	复位或停车
7	K_4C	K_4 继电器常开接点	19	DI_6	起动 B/停车
8	U_1	A 相电压输入	20	DI_7	起动 A/停车
9	U_2	B 相电压输入	21	M+	4～20mA 模拟量输出 或 B 网 RS485-A（MODBUS-RTU）
10	U_3	C 相电压输入	22	M−	4～20mA 模拟量输出 或 B 网 RS485-B（MODBUS-RTU）
11	−/N	电源负极	23	E_1	漏电输入
12	+/L	电源正极	24	E_2	漏电输入

2. 显示单元键盘定义

键盘有 6 个按键组成，分别是返回，←，↑，↓，→，确认。组合五四个："返回"＋"←"成起动 A；"←"＋"→"成起动 B；"↓"＋"→"成停车；"→"＋"确认"成复位；"↓"＋"→"＋"确认"成清除热容量。

确认：进入下一级画面，设置数据时，修改确认或数据确认。

←：画面向上翻页切换，设置数据时，数据左移。

↑：画面向上切换，设置数据时，数据加一。

↓：画面向下切换，设置数据时，数据减一。

→：画面向下翻页切换，设置数据时，数据右移。

返回：回到上一级画面，设置数据时，取消当前设置。

3.控制器电流接线

控制器的电流接线为穿孔式,电流线从标注有 A、B、C 的⊗一侧进入,如图 5.2.2(b)所示。

4.操作方法

(1)显示说明

可以通过显示模块"确认"、"返回"、"↑"、"↓"四个按键实现参数测量、报警查询、故障查询、管理信息、DI/DO 状态查询、保护定值设置、起动参数设定、系统参数设定、清除信息。显示器上电后首先显示主画面,可以通过"↑"、"↓"查找你所需要的信息。

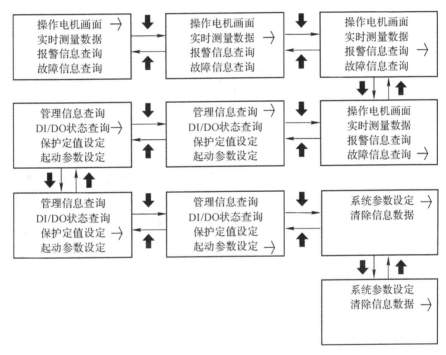

(2)操作电机画面(保护模式下不能操作电机)

(3)参数测量

在"实时测量数据"窗口菜单下按"确认"键则进入三相电流有效值和漏电电流画面,按"↓"键一次进入三相电流百分比和热容量画面,再按"↓"键一次进入三相电压和频率画面,最后按"↓"键一次进入有功功率、无功功率、视在功率、功率因数画面。

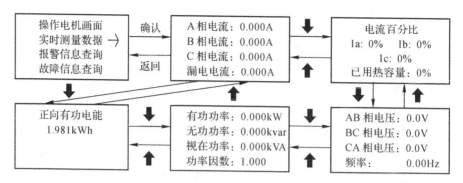

（4）报警查询

在"报警信息查询"窗口菜单下按"确认"键则进入告警信息,通过"↑"、"↓"查找,告警信息是当前数据,并不保存。

（5）起动参数设定

在"起动参数设定"窗口菜单下按一次"确认"键进入起动参数画面,通过"↑"、"↓"选择。需要修改定值参数时在相应画面按一次"确认"键,相应数据会闪烁,通过"↑"、"↓"键进行选择,按确认键则数据保存成功。或通过"↑"、"↓"键进行数据加减,"←"、"→"键进行数据移位,按"确认"键数据不闪烁,数据保存成功。

（6）控制权限设定

在"控制权限"窗口菜单下按一次"确认"键进入控制权限设置画面,需要修改定值参数时在相应画面按一次"确认"键,相应数据会闪烁,通过"↑"、"↓"键进行选择,按确认键则数据保存成功。

开关量属性设定条件如下:

控制权限	DI₄ 不通 DI 控制　　DI₄ 通 通信控制
	DI₄ 不通 通信控制　　DI₄ 通 DI 控制

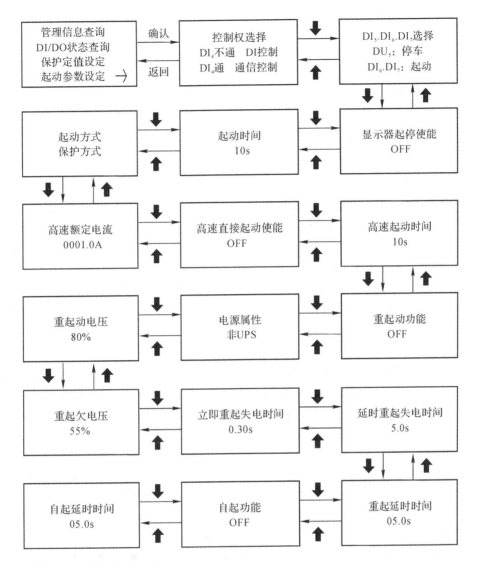

（7）DI₅、DI₆、DI₇选择设定

在"DI₅、DI₆、DI₇选择"窗口菜单下按一次"确认"键进入DI₅、DI₆、DI₇选择设置画面，需要修改定值参数时在相应画面按一次"确认"键，相应数据会闪烁，通过"↑"、"↓"键进行选择，按确认键则数据保存成功。

DI₅、DI₆、DI₇选择设定条件如下：

	DI$_5$:复位,DI$_6$,DI$_7$:起停
	DI$_5$:停车,DI$_6$,DI$_7$:起动
	DI$_5$:通用 DI,DI$_6$,DI$_7$:起停
	DI$_5$:通用 DI,DI$_6$,DI$_7$:起动
DI$_5$、DI$_6$、DI$_7$ 选择	DI$_5$,DI$_6$,DI$_7$:通用 DI
	DI$_5$:外部故障 DI;DI$_6$,DI$_7$ 通用 DI
	DI$_5$,DI$_6$:外部故障 DI;DI$_7$ 通用 DI
	DI$_5$,DI$_6$,DI$_7$:外部故障 DI

(8)显示器起停使能设定

在"显示器起停使能"窗口菜单下按一次"确认"键进入显示器起停使能设置画面,需要修改定值参数时在相应画面按一次"确认"键,相应数据会闪烁,通过"↑","↓"键进行选择,按确认键则数据保存成功。

显示器起停使能设定条件如下:

显示器起停使能	ON OFF

(9)起动时间设定

在"起动时间"窗口菜单下按一次"确认"键进入起动时间设置画面,需要修改定值参数时在相应画面按一次"确认"键,相应数据会闪烁,通过"↑"、"↓"键进行选择,按"确认"键则数据保存成功。或通过"↑"、"↓"键进行数据加减,"←"、"→"键进行数据移位,按"确认"键数据不闪烁,数据保存成功。

起动时间设定条件如下:

起动时间	1～200 s

(10)起动方式设定

在"起动方式"窗口菜单下按一次"确认"键进入起动方式属性设置画面,需要修改定值参数时在相应画面按一次"确认"键,相应数据会闪烁,通过"↑"、"↓"键进行选择,按确认键则数据保存成功。

起动方式设定条件如下:

起动方式	保护模式,直接起动,双向起动,星三角起动,自耦起动,软起动,双速起动

技能训练 2　用 YD2310F 实现电机的"抗晃电"重起动功能

一、实训目的

(1)了解电机重起动的概念。

(2)掌握利用电机保护器 YD2310F 实现电机重起动功能。

二、"抗晃电"重起动概念

"抗晃电"是指在电压短时突降,致使交流接触器释放后,控制器的输出控制保护接点闭锁不断开,电源恢复可维持电动机运行,不进行重起动的过程。

控制器具有重起动功能,功能投入后,根据短时停电或备用电源供电造成的停电时间长短,以不同的方式实现重起动功能。

(1)电压恢复在立即重起失电时间设定之前,自动重起动功能将立即执行,利用电机运行惯性,继续保持电机的正常运行。

(2)电压恢复发生在立即重起失电时间设定之后,但仍然在延时重起失电时间设定之前,控制器按设定好的延时时间,使电动机分组顺序起动执行,以防同时起动造成负载过重。

(3)电压恢复发生在延时重起失电时间设定之后,控制器将不会执行重起动功能,如果需电动机运行则需人为操作。

三、实训器材

电气实训柜、插拔线若干、电动机

四、实训内容与步骤

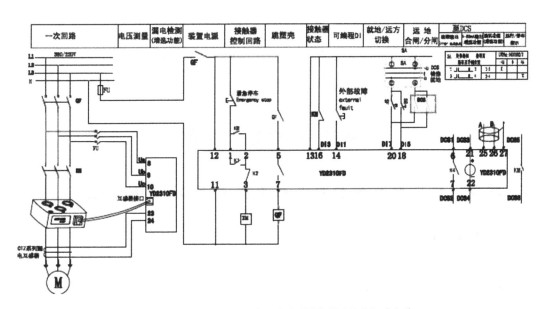

图 5.2.3　用 YD2310F 实现电机的"抗晃电"重起动电路

(1)按照实验电路(电机的智能保护原理与 YD2310F 的应用)实训步骤接好线。

(2)2310F 参数设置(通过显示器设置)

①模式设置(起动参数设置→起动方式→双向起动)

②DI$_5$、DI$_6$、DI$_7$ 选择(起动参数设置→ DI$_5$、DI$_6$、DI$_7$ 选择→ DI$_5$ 复位 DI$_6$、DI$_7$ 起停)

③使能重起功能(起动参数设置→重起动功能→ON)

④立即重起失电时间(起动参数设置→立即重起失电时间→1.0s)

⑤延时重起失电时间(起动参数设置→延时重起失电时间→5.0s)

⑥延时重等待电时间(起动参数设置→延时重起等待时间→10.0s)

五、实验过程

(1)合上断路器,按下起动按钮,让电机正常运行;断开短路器(在1s内再合上断路器),观察电机是否执行了立即重起动;记录测试结果。

(2)合上断路器,按下起动按钮,让电机正常运行;断开短路器(在1s后,5s内再合上断路器),观察电机是否执行了延时重起动(延时重起动在延时重起等待时间10s后,会自动正常起动);断开短路器(在5s后再合上断路器),观察电机是否执行了延时重起动功能;记录测试结果,填到表中。

断路器动作时间	立即重起是否有效	延时重起是否有效
1s内		
1s~5s		
>5s		

六、分析与思考

(1)YD2310F的立即重起时间只能在0~1s内设定,如果这个时间可以设定为5s会怎样?

(2)为什么要用到重起动功能?

任务三　电机的智能保护

技能训练　电机的智能保护原理与 YD2310F 的应用

一、实训目的

(1)认识电机的智能保护原理。

(2)了解电机保护器 YD2310F 及其应用。

(3)用 YD2310F 实现对正转、反转启动电路的保护。

二、电机保护原理

YD2310F 电机保护器是取代热继电器的电动机智能保护装置,比起热继电器,电机保护器在采样和整定精度方面有了质的飞跃,可对采样信号进行软件非线性校正,并可实现有效值计算,从而极大地降低了被测信号波形畸变的影响,真正实现了高精度采样。

三、实训器材

电气实训柜、插拔线若干

四、实训内容及步骤(实验位置:电机保护与变频器单元 U2 部分)

用 YD2310F 实现对正转、反转启动电路连接。

1. 实验过程

(1)合上断路器,按下正转按钮,观察电机的运行情况,运转方向,运行电压、电流、功率和功率因数;按下停车按钮,电机停止工作;电机停车后按下反转按钮,观察电机的运行情况,运转方向,运行电压、电流、功率和功率因数;记录数据于表 5.3.1 中。

表 5.3.1

电机方向	运行电压	运行电流	有功功率	功率因数
正转				
反转				

(2)外部故障:将 14/DI$_1$ 与 13com 短接,观察保护器是否有保护,记录故障信息。

(3)模拟堵转、短路故障,设置电流互感器变比,使运行电流达到堵转、短路故障保护值,记录下故障信息。

2. 缺相保护实训内容与步骤

(1)在"缺相保护"窗口菜单下按一次"确认"键进入缺相参数画面,通过"⬆"、"⬇"选择。

(2)需要修改定值参数时在相应画面按一次"确认"键,相应数据会闪烁,通过"⬆"、"⬇"键进行选择,按"确认"键则数据保存成功。

缺相参数设定条件如表 5.3.2 所示。

表 5.3.2　缺相参数设定条件

保护使能	OFF+ON
动作时间	0.1~60s

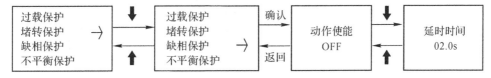

3. 欠压保护实训内容及步骤

(1)在"欠压保护"窗口菜单下按一次"确认"键进入欠压参数画面,通过"⬆"、"⬇"选择。

(2)需要修改定值参数时在相应画面按一次"确认"键,相应数据会闪烁,通过"⬆"、"⬇"键进行选择,按"确认"键则数据保存成功。

欠压参数设定条件如表 5.3.3 所示。

表 5.3.3　欠压参数设定条件

保护执行方式	报警/跳闸
动作值范围	30%～95%＋OFF
延时时间	0.1～60s

五、分析与思考

（1）为什么要用电机保护器？比起热继电器，电机保护器优势在哪里？

（2）电机保护器有多种保护功能（过载保护、堵转保护、缺相保护、短路保护等），理解发生故障时保护器是怎样执行保护跳闸的。

 知识链接　　　　　**YD2310F 的智能保护**

YD2310F 系列智能电机保护控制器是针对电动机在电力、石化、轻工、煤炭、纸业、钢铁等各种应用场合产生的故障而研发的电动机保护装置，适用于保护交流 50Hz，额定工作电压为 AC380V/AC660 的各种电机。产品与交流接触器、软起动器、塑壳断路器配合为低压交流电动机回路提供一整套控制、保护、监测，并通过后台系统实现专业的解决方案。

智能电机保护控制器工作在保护模式时，保护继电器采用常闭接点，此方式只起保护作用，并不控制电动机起停，而是通过外部起停按键控制交流接触器，和热继电器的保护方式相同，这个模式的特点是保护控制器接线简单。其主要保护功能及特点如表 5.3.4 所示。

表 5.3.4　YD2310F 功能表

保护功能	起动方式	测量功能	维护功能
起动超时保护	保护模式	三相电流	当前运行时间
过载保护	直接起动	三相电压	当前停车时间
堵转保护	双向起动	功率、功率因数、频率	累计运行时间
缺相保护	Y/△起动	热容量	起动电流
不平衡保护	自耦变压器起动	电能	起动时间
欠载保护	软起动	漏电电流值	操作状态
漏电/接地保护	双速起动		输入输出状态
过压保护			事件记录
欠压保护			告警查询
短路保护			
抗晃电及短时停电自			
起动功能			
相序保护			
外部故障			
t_E 时间保护			

1.产品设计选型

电压输入为 AC380V(线电压)

YD2310F——□——□——□,如表 5.3.5 所示。

表 5.3.5 产品设计选型

产品型号	额定电流	控制方式	代码	附加功能	代码
YD2310FD7 路 开入量干节点 (内置 DC24V)	1A	直接起动	A	4~20mA 输出	M
	5A	双向起动	D	漏电保护	L
	25A	Y/△起动	Y	1 路 MODBUS-RTU 通信	R
YD2310FA7 路 开入量湿节点 (AC220V)	100A	自耦变压器降压起动	T	抗晃电功能	H
	250A	保护模式	P	PROFIBUS-DP	DP
	500A	软启动	RQ	2 路 MODBUS-RTU 通信	2R
YD2310FH7 路 开入量湿节点 (DC110V,DC220V)	820A	双速起动	TS		

2.通信

控制器支持一路 RS485、一路 Profibus-DP、双 RS485、一路 RS485 和一路 Profibus-DP。

RS485 通信:满足 MODBUS RTU 协议。

Profibus-DP:GB/T 20540.1-6-2006(测量和控制数字数据通信工业控制系统用现场总线类型 3:PROFIBUS 规范)。

3.保护阀值设置方法

在"保护阀值设置"窗口菜单下按一次"确认"键进入各类保护选择画面,通过"↑"、"↓"选择。

例如,不平衡保护设定:

(1)在"不平衡保护"窗口菜单下按一次"确认"键进入不平衡参数画面,通过"↑"、"↓"选择。

(2)需要修改定值参数时在相应画面按一次"确认"键,相应数据会闪烁,通过"↑"、"↓"键进行选择。

不平衡参数设定条件如表 5.3.6 所示。

表 5.3.6 不平衡参数设定条件

保护执行方式	报警/跳闸
动作值范围	5%~60%
延时时间	0.5~60s

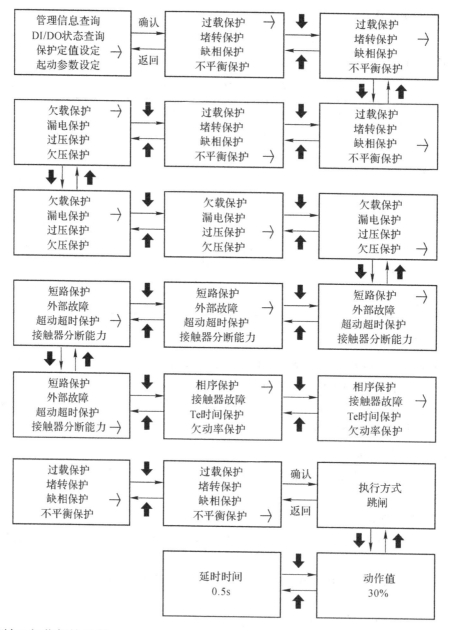

例如，欠载保护设定：

(1)在"欠载保护"窗口菜单下按一次"确认"键进入欠载参数画面，通过"↑"、"↓"选择。

(2)需要修改定值参数时在相应画面按一次"确认"键，相应数据会闪烁，通过"↑"、"↓"键进行选择。

欠载参数设定条件如下：

保护执行方式	报警/跳闸
整定值范围	$20\%I_e \sim 90\%I_e$＋OFF
动作时间	$0.1 \sim 60$s

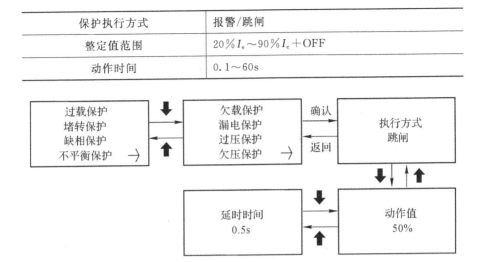

例如,漏电保护设定:

(1)在"漏电保护"窗口菜单下按一次"确认"键进入漏电参数画面,通过"↑"、"↓"选择。

(2)需要修改定值参数时在相应画面按一次"确认"键,相应数据会闪烁,通过"↑"、"↓"键进行选择,按"确认"键则数据保存成功。

漏电参数设定条件如表 5.3.7 所示。

表 5.3.7　漏电参数设定条件

保护执行方式	报警/跳闸
动作值范围	$0.010 \sim 1.000$＋OFF
漏电起动延时时间	$0 \sim 60$s
漏电运行延时时间	$0 \sim 60$s
剪切系数	0(硬件测量),$1.5 \sim 6.0$,OFF

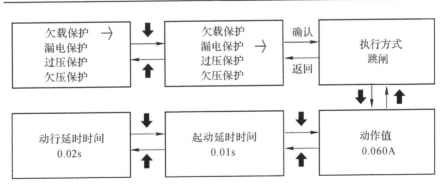

例如,过压保护设定:

(1)在"过压保护"窗口菜单下按一次"确认"键进入过压参数画面,通过"↑"、"↓"选择。

(2)需要修改定值参数时在相应画面按一次"确认"键,相应数据会闪烁,通过"↑"、

"↓"键进行选择,按"确认"键则数据保存成功。

过压参数设定条件如表 5.3.8 所示。

表 5.3.8　过压参数设定条件

保护执行方式	报警/跳闸
动作值范围	$105\%U_e \sim 150\%U_e + \text{OFF}$
延时时间	$0.1 \sim 60.0$

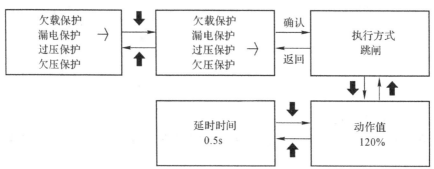

模块六

PLC 控制与变频调速

⭐学习目标

1.掌握 PLC 的编程规则与技巧,掌握梯形图的编制。

2.掌握变频器的参数设置和操作流程。

3.掌握 PLC、变频器控制电动机调速的工作原理。

4.掌握 PLC、变频器调速系统的接线方法。

任务一　电动机的 PLC 控制

能力目标

1.会对简单继电接触控制电路进行 PLC 控制电路转换。

2.用 PLC 进行对象控制时,能正确分配 I/O 点,完成电路接线。

3.会设计梯形图。

知识目标

1.了解 PLC 的基础知识、工作原理。

2.熟悉 PLC 的编程规则和技巧。

3.熟悉 GX-developer 编程软件。

4.掌握电动机继电接触控制电路的工作原理。

技能训练 1　PLC 控制电机直接启动

一、实训目的

(1)认识 PLC 及三菱 PLC 简介。

(2)熟悉 PLC 的编程语言(梯形图、指令表编程语言)。

(3)掌握 PLC 控制电机直接启动的简单操作。

二、实训仪器与材料

电气实训柜一台,三相交流异　电动机 Y100L-2 一台,计算机一台,编程电缆、插拔线若干。

三、实训要求及接线原理

(1)控制要求:按下启动按钮 SB1,电机投入运行状态;运行过程中,按下停止按钮 SB3,电机停止运行。

(2)PLC 控制电机启停线路原理,如图 6.1.1 所示。

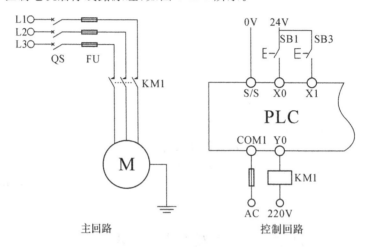

图 6.1.1　PLC 控制电机启停线路原理

四、实训内容与步骤

(1)理解 PLC 控制电机直接启动的原理,根据控制要求进行编程并下载到 PLC 中。

(2)根据图 6.1.1,利用实验插拔线进行电气连接(确保接线前,所有电源已断开)。

(3)检查接线无误后,依次将 HMI 与 PLC 单元、三相交流电源上电。

(4)按下 U_1 电机正反转控制线路的 SB1 启动电机,观察电动机是否正常运转。

(5)按下 U_1 电机正反转控制线路的 SB3 停止电机,观察电动机是否停止运转。

(6)断开所有设备电源,拆除实验插拔线。

四、实训内容与步骤

(1)对比其他方式控制的电机直接启停,进一步理解 PLC 的特点。

(2)如何在控制回路中加入"运行"状态指示灯?

(3)如何利用基本指令实现程序自锁、延时启停、定时停止等控制功能。

知识链接Ⅰ　　　　　　可编程序控制器

可编程序控制器(Programmable Logical Controller,PLC)是以微处理器为核心专为

工业现场应用而设计的数字运算操作系统,采用可编程序的存储器,用以在其内部存储执行逻辑运算、顺序控制、定时/计数和算术运算等操作,并通过数字式或模拟式的输入、输出接口,控制各种类型的机械或生产过程。它将微机技术与传统的继电接触控制技术相结合,充分利用了微处理器的优点,克服了继电接触控制系统中的机械触点的复杂接线、可靠性低等诸多缺点,又照顾到现场电气操作维修人员的技能与习惯。同时,它的程序编制不需要专门的计算机编程语言,而是采用以继电器梯形图为基础的简单指令,使用户程序编制形象、直观、易学;调试与查错也都很方便。用户在购买了所需的 PLC 后,只需按说明书的提示,做少量的接线和简易的用户程序的编制工作,就可灵活方便地将 PLC 应用于生产实践。因此,在现代电气控制领域 PLC 成为应用最广泛的控制器,在各种生产领域我们都能看到它的身影。图 6.1.2 所示是 PLC 在工业控制领域的应用。

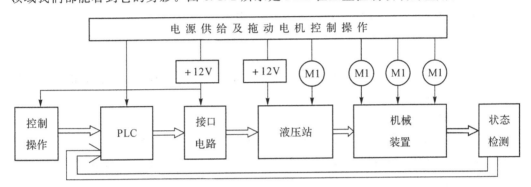

图 6.1.2　PLC 在工业领域的应用

一、PLC 的结构与工作原理

1. PLC 的结构

可编程控制器主要由 CPU 模块、输入模块、输出模块和编程器组成,如图 6.1.3 所示。

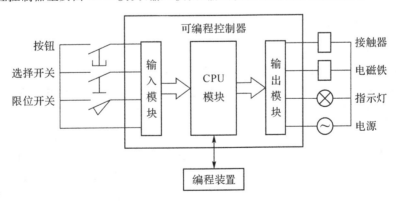

图 6.1.3　PLC 的基本结构

(1)CPU 模块

CPU 模块又叫中央处理单元或控制器,主要由微处理器和存储器组成。它用以运行用户程序、监控输入/输出接口状态、作出逻辑判断和进行数据处理,即读取输入变量,完成用户指令规定的各种操作,将结果送到输出端,并响应外部设备(如编程器、电脑、打印机等)的请求以及进行各种内部判断等。PLC 的内部存储器有两类,一类是系统程序存储器,主要存放系统管理和监控程序及对用户程序作编译处理的程序,系统程序已由厂家固定,用户不能更改;另一类是用户程序及数据存储器,主要存放用户编制的应用程序及各种暂存数据和中间结果。

(2)I/O 模块

I/O 模块是系统的眼、耳、手、脚,是联系外部现场和 CPU 模块的桥梁。输入模块用来接收和采集输入信号。输入信号有两类,一类是从按钮、选择开关、数字拨码开关、限位开关、接近开关、光电开关、压力继电器等来的开关量输入信号;另一类是由电位器、热电偶、测速发电机、各种变送器提供的连续变化的模拟输入信号。

可编程序控制器通过输出模块控制接触器、电磁阀、电磁铁、调节阀、调速装置等执行器,可编程序控制器控制的另一类外部负载是指示灯、数字显示装置和报警装置等。

(3)电源

可编程序控制器一般使用 220V 交流电源。可编程序控制器内部的直流稳压电源为各模块内的元件提供直流电压。

(4)编程器

编程器是 PLC 的外部编程设备,用户可通过编程器输入、检查、修改、调试程序或监示 PLC 的工作情况。也可以通过专用的编程电缆线将 PLC 与电脑联接起来,并利用编程软件进行电脑编程和监控。

(5)输入/输出扩展单元

I/O 扩展接口用于将扩充外部输入/输出端子数的扩展单元与基本单元(即主机)连接在一起。

(6)外部设备接口

外部设备接口可将编程器、打印机、条码扫描仪、变频器等外部设备与主机相联,以完成相应的操作。

如图 6.1.4 所示是三菱 PLC 的外部结构图。

2.PLC 的工作原理

为了满足控制的实时性,PLC 采用了循环扫描的工作方式。虽然 PLC 与计算机都是依靠执行存储器中的程序来工作的,但是,由于 PLC 应用在工业控制领域,需要准确的捕捉输入以及快速的响应,所以 PLC 采用了循环扫描的方式。

PLC 运行时是通过执行反映控制要求的用户程序来完成控制任务的,需要执行众多的操作,但 CPU 不可能同时去执行多个操作,它只能按分时操作(串行工作)方式,每一次执行一个操作,按顺序逐个执行。由于 CPU 的运算处理速度很快,所以从宏观上来看,PLC 外部出现的结果似乎是同时(并行)完成的。这种串行工作过程称为 PLC 的扫描工作方式。用扫描工作方式执行用户程序时,扫描是从第一条程序开始的,在无中断或跳转控制的情况下,按程序存储顺序的先后,逐条执行用户程序,直到程序结束。然后再从头开始扫描执行,周而复始重复运行。

除了执行用户程序之外,在每次循环过程中,可编程序控制器还要完成内部处理、通信处

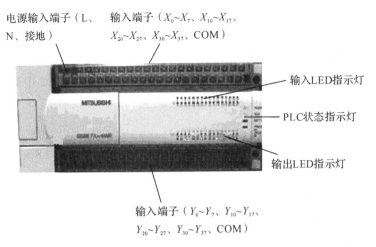

电源输入端子（L、N、接地）

输入端子（$X_0 \sim X_7$、$X_{10} \sim X_{17}$、$X_{20} \sim X_{27}$、$X_{30} \sim X_{37}$、COM）

输入LED指示灯

PLC状态指示灯

输出LED指示灯

输入端子（$Y_0 \sim Y_7$、$Y_{10} \sim Y_{17}$、$Y_{20} \sim Y_{27}$、$Y_{30} \sim Y_{37}$、COM）

图 6.1.4　三菱 FX 系列 PLC 外观结构

理等工作,一次循环可分为内部处理、通信服务、输出处理、程序执行和输出处理 5 个阶段,如图 6.1.5 所示。

在内部处理阶段,可编程序控制器检查 CPU、模块内部的硬件是否正常,将监控定时器复位,以及完成一些别的内部工作。

在通信服务阶段,可编程序控制器与别的带微处理器的智能装置通信,响应编程器键入的命令,更新编程器的显示内容。

在输入处理阶段,可编程序控制器把所有外部输入电路的接通/断开(ON/OFF)状态读入输入映像寄存器。

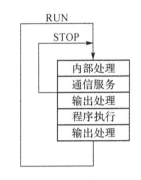

图 6.1.5　PLC 循环的 5 个阶段

在程序执行阶段,即使外部输入信号的状态发生了变化,输入映像寄存器的状态也不会随之而变,输入信号变化了的状态只能在下一个扫描周期的输入处理阶段被读入。

在输出处理阶段,CPU 将输出映像寄存器的通/断状态传送到输出锁存器。

二、PLC 的性能技术指标

可编程控制器的种类很多,用户可以根据控制系统的具体要求,选择不同技术性能指标的 PLC。可编程控制器的技术指标主要有以下几点。

1. 输入输出点数

可编程控制器的 I/O 点数是指外部输入、输出端子数量的总和。它是 PLC 的一个重要的参数。点数越多,价格也越高。小型 PLC 的 I/O 点数少于 256 点;中型 PLC 的 I/O 点数在 256～1024;大型 PLC 的 I/O 点数大于 1024 点。

2. 存储器容量

PLC 的存储器由系统程序存储器、用户程序存储器和数据存储器三部分组成。PLC 存储容量通常指用户程序存储器和数据存储器容量之和,表征系统提供给用户的可用资源,是系统性能的一项重要技术指标。

3.扫描速度

可编程控制器采用循环扫描方式工作,完成 1 次扫描所需的时间叫做扫描周期。影响扫描速度的主要因素有用户程序的长度和 PLC 产品的类型。PLC 中 CPU 的类型、机器字长等直接影响 PLC 运算精度和运行速度。

4.指令系统

指令系统是指 PLC 所有指令的总和。可编程控制器的编程指令越多,软件功能就越强,但掌握应用也相对较复杂。用户应根据实际控制要求选择合适指令功能的可编程控制器。

5.通信功能

通信有 PLC 之间的通信和 PLC 与其他设备之间的通信。通信主要涉及通信模块、通信接口、通信协议和通信指令等内容。PLC 的组网和通信能力也已成为 PLC 产品水平的重要衡量指标之一。

三、PLC 的应用领域

目前,PLC 在国内外已广泛应用于钢铁、石油、化工、电力、建材、机械制造、汽车、轻纺、交通运输、环保及文化娱乐等各个行业,使用情况大致可归纳为如下几类。

1.开关量的逻辑控制

这是 PLC 最基本、最广泛的应用领域,它取代传统的继电器电路,实现逻辑控制、顺序控制,既可用于单台设备的控制,也可用于多机群控及自动化流水线,如注塑等。

2.模拟量控制

在工业生产过程当中,有许多连续变化的量,如温度、压力、流量、液位和速度等都是模拟量。为了使可编程控制器处理模拟量,必须实现模拟量和数字量之间的 A/D 转换及 D/A 转换。PLC 厂家都生产配套的 A/D 和 D/A 转换模块,使可编程控制器用于模拟量控制。

3.运动控制

PLC 可以用于圆周运动或直线运动的控制。从控制机构配置来说,早期直接用于开关量 I/O 模块连接位置传感器和执行机构,现在一般使用专用的运动控制模块。如可驱动步进电机或伺服电机的单轴或多轴位置控制模块。世界上各主要 PLC 厂家的产品几乎都有运动控制功能,广泛用于各种机械、机床、机器人、电梯等场合。

4.过程控制

过程控制是指对温度、压力、流量等模拟量的闭环控制。作为工业控制计算机,PLC能编制各种各样的控制算法程序,完成闭环控制。PID 调节是一般闭环控制系统中用得较多的调节方法。大中型 PLC 都有 PID 模块,目前许多小型 PLC 也具有此功能模块。PID 处理一般是运行专用的 PID 子程序。过程控制在冶金、化工、热处理、锅炉控制等场合有非常广泛的应用。

5.数据处理

现代 PLC 具有数学运算(含矩阵运算、函数运算、逻辑运算)、数据传送、数据转换、排序、查表、位操作等功能,可以完成数据的采集、分析及处理。这些数据可以与存储在存储器中的参考值比较,完成一定的控制操作,也可以利用通信功能传送到别的智能装置,或将它们打印制表。数据处理一般用于大型控制系统,如无人控制的柔性制造系统;也可用于过程控制系统,如造纸、冶金、食品工业中的一些大型控制系统。

6.通信及联网

PLC 通信含 PLC 间的通信及 PLC 与其他智能设备间的通信。随着计算机控制的发展,工厂自动化网络发展得很快,各 PLC 厂商都十分重视 PLC 的通信功能,纷纷推出各自的网络系统。新近生产的 PLC 都具有通信接口,通信非常方便。

四、FX 系列 PLC 简介

FX 系列 PLC 是由三菱公司近年来推出的高性能小型可编程控制器,以逐步替代三菱公司原 F、F1、F2 系列 PLC 产品。其中 FX2 是 1991 年推出的产品,FX0 是在 FX2 之后推出的超小型 PLC,近几年来又连续推出了将众多功能凝集在超小型机壳内的 FX0S、FX1S、FX0N、FX1N、FX2N、FX2NC 等系列 PLC,具有较高的性价比,应用广泛。它们采用整体式和模块式相结合的叠装式结构。

1.FX 系列 PLC 型号的说明

FX 系列 PLC 型号的含义如下:

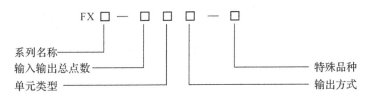

其中系列名称,如 0、2、0S、1S、0N、1N、2N、2NC、3U 等。

单元类型:M——基本单元

　　　　　E——输入输出混合扩展单元

　　　　　E_X——扩展输入模块

　　　　　E_Y——扩展输出模块

输出方式:R——继电器输出

　　　　　S——晶闸管输出

　　　　　T——晶体管输出

特殊品种:D——DC 电源,DC 输出

　　　　　A1——AC 电源,AC(AC100~120V)输入或 AC 输出模块

　　　　　H——大电流输出扩展模块

　　　　　V——立式端子排的扩展模块

　　　　　C——接插口输入输出方式

F——输入滤波时间常数为1ms的扩展模块

如果特殊品种一项无符号,为 AC 电源、DC 输入、横式端子排、标准输出。

例如,FX2N-32MT-D 表示 FX2N 系列,32 个 I/O 点基本单位,晶体管输出,使用直流电源,24V 直流输出型。

2.FX 系列 PLC 的性能比较

在使用 FX 系列 PLC 之前,需对其的主要性能指标进行认真查阅,只有选择了符合要求的产品才能达到既可靠又经济的要求。

尽管 FX 系列中 FX0S、FX1S、FX1N、FX2N、FX3U 等在外形尺寸上相差不多,但在性能上有较大的差别,其中 FX2N 和 FX2NC 子系列,在 FX 系列 PLC 中功能最强、性能最好。FX 系列 PLC 主要产品的性能比较如表 6.1.1 所示。

表 6.1.1　FX 系列 PLC 主要产品的性能比较

型号	I/O 点数	基本指令执行时间	功能指令	模拟模块量	通信
FX0S	10～30	1.6～3.6μs	50	无	无
FX0N	24～128	1.6～3.6μs	55	有	较强
FX1N	14～128	0.55～0.7μs	177	有	较强
FX2N	16～256	0.08μs	298	有	强
FX3U	16～384	0.065μs	238	有	强

3.FX3U 系列 PLC 的特点与功能

FX3U 是三菱最新开发的第三代小型化 PLC 产品,它是目前该公司小型 PLC 中 CPU 性能最高,可以适用于网络控制的小型 PLC 系列产品。其采用基本单元加扩展的形式,基本兼容了 FX2N 系列的全部功能。由于 FX3U 采用了比 FX2N 更高性能的 CPU,基本性能大幅提升。

(1)FX3U 系列 PLC 的特点

①I/O 点数更多。主机控制的 I/O 点数可达 256 点,其最大 I/O 点数可以达到 384 点。

②编程功能更强。强化了应用指令,内部继电器达到 7680 点、状态继电器达到 4096 点、定时器达到 512 点。FX3U 系列 PLC 编程软件需要 GX Developer,目前最新版本为 V8.52。

③速度更快,存储器容量更大。基本指令的执行速度只需 0.065μs/指令,应用指令在 0.642μs/指令。用户程序存储器的容量可达 64K,并可以采用闪存卡。

④通信功能更强。内置的编程口可以达到 115.2kbps 的高速通信,最多可以同时使用 3 个通信口。增加了 RS422 标准接口与网络链接的通信模块,以适合网络链接的需要。

⑤高速计数与定位控制。内置 6 点 100kHz 的高速计数功能,双相计数时可以进行 4 倍频计数。晶体管输出型的基本单元内置了 3 轴独立最高 100kHz 的定位功能,并且增加了新的定位指令。

⑥多种特殊适配器。新增了高速输入/输出、模拟量输入/输出、温度输入适配器(不占用系统点数),提高了高速计数和定位控制的速度,可选装高性能显示模块(FX3U-7DM)。

(2)FX3U 系列 PLC 的功能

FX3U 系列 PLC 兼容了 FX2N 系列 PLC 的全部功能,如表 6.1.2 所示。

表 6.1.2 FX3U 系列功能规格一览表

电源输入输出	电源规格	AC 电源型:AC100V－240V 50/60Hz DC 电源型:DC24V
	耗电量	AC 电源型:30W(16M),35W(32M),40W(48M),45W(64M),50W(80M),65W(128M) DC 电源型:25W(16M),30W(32M),35W(48M),40W(64M),45W(80M)
	冲击电流	AC 电源型:最大 30A 5ms 以下/AC100V,最大 45A 5ms 以下/AC200V
	24V 供电电源	DC 电源型:400mA 以下(16M,32M) 600mA 以下(48M,64M,80M,128M)
	输入规格	DC24V,5～7mA (无电压触点或者漏型输入时:NPN 开集电极晶体管输入,源型输入时:PNP 开集电极输入)
	输出规格	继电器输出型:2A/1 点、8A/4 点 COM 8A/8 点 COM AC250V(对应 CE、UL/cUL 规格时为 240V)DC30V 以下 晶体管输出型:0.5A/1 点、0.8A/4 点 1.6A/8 点 COM DC5V～DC30V
	输入输出扩展	可连接 FX2N 系列用的扩展设备
性能	程序存储器	内置 64000 步 RAM(电池支持) 选件:64000 步闪存存储盒(带程序传送功能/没有程序传送功能),16000 步闪存存储盒
	时钟功能	内置实时时钟(有闰年修正功能)月差±45 秒/25℃
	指令	基本指令 27 个、步进梯形圈指令 2 个、应用指令 209 种
	运算处理速度	基本指令:0.065s/指令,应用指令:0.642～数 100s/指令
	高速处理	有输入输出刷新指令、输入滤波调整指令、输入中断功能、定时中断功能、高速计数中断功能、脉冲捕捉功能
	最大输入输出点数	384 点(基本单元、扩展设备的 I/O 点数以及远程 I/O 点数的总和)
	辅助续电器、定时器	辅助续电器:7680 点、定时器:512 点
	计数器	16 位增计数器:200 点,32 位计数器:35 点,高速用 32 位计数器:[1 相]100kHz/6 点、10kHz/2 点[2 相]50kHz/2 点(可设定 4 倍)使用高速输入适配器时为 1 相 200kHz,2 相 100kHz
	数据寄存器	一般用 8000 点、扩展寄存器 32768 点、扩展文件寄存器(要安装存储盒)32768 点、变址用 16 点

续表

	功能扩展版	可以安装 FX3U—□□□—BD 型功能扩展版
其他	特殊适配器	模拟量用(最多 4 台)、通信用(包括通信用板最多 2 台)[都需要功能扩展板] 高速输入输出用(输入用:最多 2 台,输出用:最多 2 台)[同时使用模拟量或者通信特殊适配器时,需要功能扩展板]
	特殊扩展	可连接 FX0N、FX2N、FX3U 系列的特殊单元以及特殊模块
	显示模块	可内置 FX3U—7DM;STN 单色液晶、带背光灯、全角 8 个字符/半角 16 个字符×4 行、JIS 第 1/第 2 级字符
	支持数据通信 支持数据链路	RS232C,RS485,RS422,N:N 网络、并联链接、计算机连接 CC-Link,CC-Link/LT,MELSEC-I/O 链接
	外围设备的机型选择	选择[FX3U(C)],[FX2N(C)],[FX2(C)],但选择[FX2N(C)],[FX2(C)]时有使用限制

 知识链接 Ⅱ   PLC 的梯形图和编程语言

一、PLC 的编程语言

PLC 为用户提供了完整的编程语言,下面简要介绍常用的 PLC 编程语言。

1. 梯形图编程

PLC 的梯形图在形式上沿袭了传统的继电器电气控制图,是在原继电器控制系统的继电器梯形图基础上演变而来的一种图形语言,如图 6.1.6 所示。它将 PLC 内部的各种编程元件(如继电器的触点、线圈、定时器、计数器等)和各种具有特定功能的命令用专用图形符号、标号定义,并按逻辑要求及连接规律组合和排列,从而构成了表示 PLC 输入、输出之间控制关系的图形。它是目前用得最多的 PLC 编程语言。梯形图编程语言的特点是:与电气操作原理图相对应,具有直观性和对应性;与原有继电器控制相一致,电气设计人员易于掌握。梯形图编程语言与原有的继电器控制的不同点是,梯形图中的能流不是实际意义的电流,内部的继电器也不是实际存在的继电器,应用时,需要与原有继电器控制的概念区别对待。

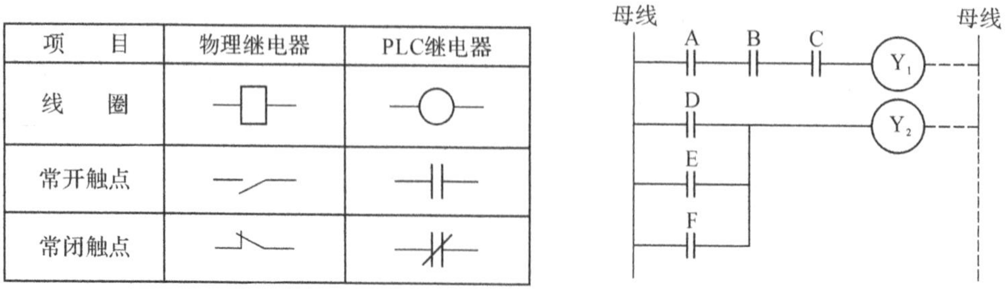

项 目	物理继电器	PLC继电器
线 圈	▢	○
常开触点	/	‖
常闭触点	/	⫣

(a) 符号对照

(b) 典型梯形

图 6.1.6 梯形图

2.指令表编程

指令表编程语言是与汇编语言类似的一种助记符编程语言,和汇编语言一样由操作码和操作数组成。在无计算机的情况下,适合采用 PLC 手持编程器对用户程序进行编制。同时,指令表编程语言与梯形图编程语言图一一对应,在 PLC 编程软件下可以相互转换。指令表编程语言的特点是:采用助记符来表示操作功能,具有容易记忆、便于掌握等优点;在手持编程器的键盘上采用助记符表示,便于操作,可在无计算机的场合进行编程设计;与梯形图有一一对应关系(见图 6.1.7)。其特点与梯形图语言基本一致。

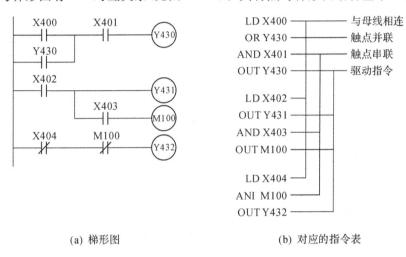

(a) 梯形图   (b) 对应的指令表

图 6.1.7 梯形图与指令表对照图

3.顺序功能流程图编程

顺序功能流程图语言是为了满足顺序逻辑控制而设计的编程语言(见图 6.1.8)。编程时将顺序流程动作的过程分成步和转换条件,根据转移条件对控制系统的功能流程顺序进行分配,一步一步地按照顺序动作。每一步代表一个控制功能任务,用方框表示。在方框内含有用于完成相应控制功能任务的梯形图逻辑。这种编程语言使程序结构清晰,易于阅读及维护,大大减轻了编程的工作量,缩短了编程和调试时间,适用于系统规模较大、程序关系较复杂的场合。顺序功能流程图编程语言的特点:以功能为主线,按照功能流程的顺序分配,条理清楚,便于对用户程序理解;避免梯形图或其他语言不能顺序动作的缺陷,同时也避免了用梯形图语

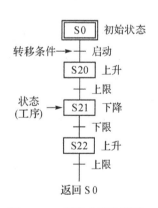

图 6.1.8 顺序功能流程图

言对顺序动作编程时,由于机械互锁造成用户程序结构复杂、难以理解的缺陷;用户程序扫描时间也大大缩短。

4.逻辑功能图编程语言

逻辑功能图编程语言是一种沿用了数字电子线路的"与"、"或"、"非"等逻辑门电路、

触发器、连线等图形与符号的图形编程语言。它可以用触发器、计数器、比较器等数字电子线路的符号表示其他图形编程语言（如梯形体）无法表示的 PLC 基本指令与应用指令。其特点是程序直观形象、设计方便，程序逻辑关系清晰、简洁，特别是对于开关量控制系统的逻辑运算控制，使用逻辑功能图编程比其他编程语言更为方便。但目前可以使用逻辑功能图编程的 PLC 种类相对较少。

5.高级编程语言

随着软件技术的发展，为增强 PLC 的运算功能和数据处理能力并方便用户使用，许多大、中型 PLC 已采用类似 BASIC、PASCAL、FORTAN、C 等高级语言的 PLC 专用编程语言，实现程序的自动编译。

目前各种类型的 PLC 一般都能同时使用两种以上的语言，且大多数都能同时使用梯形图和指令表。虽然不同的厂家梯形图、指令表的使用方式有差异，但基本编程原理和方法是相同的。三菱 FX3U 产品同时支持梯形图、指令表和顺序功能流程图三种编程语言。

二、梯形图的主要特点

（1）PLC 梯形图中的某些编程元件沿用了继电器这一名称，如输入继电器、输出继电器、内部辅助继电器等，但是它们不是真实的物理继电器（即硬件继电器），而是在软件中使用的编程元件。每一编程元件与 PLC 存储器中元件映像寄存器的两个存储单元相对应。以辅助继电器为例，如果该存储单元为 0 状态，梯形图中对应的编程元件的线圈"断电"，其常开触点断开，常闭触点闭合，称该编程元件为 0 状态，或称该编程元件为 OFF（断开）。该存储单元如果为 1 状态，对应编程元件的线圈"通电"，其常开触点接通，常闭触点断开，称该编程元件为 1 状态，或称该编程元件为 ON（接通）。

（2）根据梯形图中各触点的状态和逻辑关系，求出与图中各线圈对应的编程元件的 ON/OFF 状态，称为梯形图的逻辑解算。逻辑解算是按梯形图中从上到下、从左至右的顺序进行的。解算的结果，马上可以被后面的逻辑解算所利用。逻辑解算是根据输入映像寄存器中的值，而不是根据解算瞬时外部输入触点的状态来进行的。

（3）梯形图中各编程元件的常开触点和常闭触点均可以无限多次地使用。

（4）输入继电器的状态唯一地取决于对应的外部输入电路的通断状态，因此在梯形图中不能出现输入继电器的线圈。

技能训练 2 PLC 实现电机正反转控制线路连接

一、实训目的

（1）进一步熟悉三菱 PLC 的特点及使用方法。

（2）进一步熟悉 PLC 的编程语言（梯形图、指令表编程语言）。

（3）掌握 PLC 控制电机正反转启动。

二、实训器材

电气实训柜一台,三相异　电动机 Y100L-2 一台,计算机一台,编程电缆、插拔线若干。

三、实训要求

控制要求:按下正转按钮 SB1,电机正转运行状态;运行过程中,按下停止按钮 SB3,电机停止运行;按下反转按钮 SB2,电机反转运行状态。

四、实训内容与步骤

(1)理解 PLC 控制电机正反转运行的原理,根据控制要求进行编程并下载到 PLC 中。

(2)根据图 6.1.9,利用实验插拔线进行电气连接(确保接线前,所有电源已断开)。

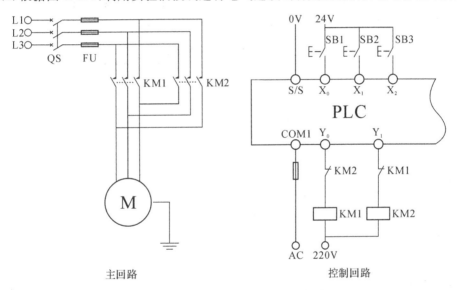

图 6.1.9　PLC 实现电机正反转线路原理

(3)检查接线无误后,依次将 HMI 与 PLC 单元、三相交流电源上电。

(4)按下 U_1 电机正反转控制线路的 SB1 正转启动电机,观察电动机是否正转运行。

(5)按下 U_1 电机正反转控制线路的 SB3 停止电机,观察电动机是否停止运行。

(6)按下 U_1 电机正反转控制线路的 SB2 反转启动电机,观察电动机是否反转运行。

(7)按下 U_1 电机正反转控制线路的 SB3 停止电机,断开所有设备电源,拆除实验插拔线。

五、分析与思考

(1)对比其他方式控制的电机正反转启动,进一步理解 PLC 的特点。

(2)如何在控制回路中加入"正转"、"反转"状态指示灯。

(3)如何利用 PLC 实现程序互锁。

知识链接 I　　FX3U 系列 PLC 中的编程元件及指令系统

一、FX3U 系列 PLC 的编程元件

将 PLC 内部存储器的每一个存储单元均称为元件，各个元件与 PLC 的监控程序、用户的应用程序合作，会产生或模拟出不同的功能。当元件产生的是继电器功能时，称这类元件为软继电器，简称继电器，它不是物理意义上的实物器件，而是一定的存储单元与程序的结合产物。后面介绍的各类继电器、定时器、计数器都指此类软元件。软元件的数量及类别是由 PLC 监控程序规定的，它的规模决定着 PLC 整体功能及数据处理的能力。不同厂家、不同系列的 PLC，其内部软继电器（编程元件）的功能和编号也不相同，因此用户在编制程序时，必须熟悉所选用 PLC 的每条指令涉及编程元件的功能和编号。我们在使用 PLC 时，主要查看相关的操作手册。为了能全面了解 FX 系列 PLC 的内部软继电器，本节以 FX3U 为背景进行介绍。如表 6.1.3 所示为 FX3U 系列编程元件。

表 6.1.3　FX3U 系列编程元件

软元件名称	内　容		
输入输出继电器			
输入继电器	X000～X367[1]	248 点	软元件的编号为 8 进制编号
输出继电器	Y000～Y367[1]	248 点	输入输出合计为 256 点
辅助继电器			
一般用[可变]	M0～M499	500 点	通过参数可以更改保持/非保持的设定
保持用[可变]	M500～M1023	524 点	
保持用[固定]	M1024～M7679	6656 点	
特殊用[2]	M8000～M8511	512 点	
状态			
初始化状态（一般用[可变]）	S0～S9	10 点	通过参数可以更改保持/非保持的设定
一般用[可变]	S10～S499	490 点	
保持用[可变]	S500～S899	400 点	
信号报警器用（保持用[可变]）	S900～S999	100 点	
保持用[固定]	S1000～S4095	3096 点	
定时器（延迟定时器）			
100ms	T0～T191	192 点	0.1～3276.7s
100ms[子程序、中新子程序用]	T192～T199	8 点	0.1～3276.7s
10ms	T200～T245	46 点	0.01～327.67s
1ms 累计型	T246～T249	4 点	0.001～32.767s
100ms 累计型	T250～T255	6 点	0.1～3276.7s
1ms	T256～T511	256 点	0.001～32.767s

软元件名称		内 容	
计数器			
一般用增计数（16位）[可变]	C0～C99	100点	0～32.767的计数器通过参数可以更改保持/非保持的设定
保持用增计数（16位）[可变]	C100～C199	100点	
一般用双方向（32位）[可变]	C200～C219	20点	−2147483648～＋2147483647的计数器,通过参数可以更改保持/非保持的设定
保持用双方向（32位）[可变]	C220～C234	15点	

FX系列PLC有4种基本编程元件,为了分辨各种编程元件,给它们分别指定了专用的字母符号:

X:输入继电器,用于外部触点和电子开关输入给PLC的开关量信号。

Y:输出继电器,用于从PLC输出开关量信号,去控制外部负载。

M(辅助继电器)和S(状态):PLC内部的运算标志。

以上的各种元件称为"位元件",它们只有两种不同的状态,即ON和OFF,可以分别用二进制的1和0来表示这两种状态。

1.输入继电器与输出继电器

FX系列PLC梯形图中的编程元件的名称由字母和数字组成,它们分别表示元件的类型和元件号,如Y10和M129。输入继电器和输出继电器的元件号用八进制表示,其他均采用十进制数字编号。

(1)输入继电器(X000～X367)

输入继电器是PLC接收外部输入的开关量信号的窗口。PLC通过光耦合器,将外部信号的状态读入并存储在输入映象寄存器中。在梯形图中,可以多次使用输入继电器的常开触点和常闭触点,但由于输入继电器必须由外部信号驱动,不能用程序驱动,所以在程序中不可能出现输入继电器的线圈。

(2)输出继电器(Y000～Y367)

输出继电器是PLC向外部负载发送信号的窗口。输出继电器用来将PLC的输出信号传送给输出模块,再由后者驱动外部负载。输出模块中的每一个硬件继电器仅有一对常开触点,但是在梯形图中,每一个输出继电器的常开触点和常闭触点都可以多次使用。

2.辅助继电器与状态

辅助继电器是PLC中数量最多的一种继电器,一般的辅助继电器与继电器控制系统中的中间继电器相似。

辅助继电器不能直接驱动外部负载,负载只能由输出继电器的外部触点驱动。辅助继电器的常开与常闭触点在PLC内部编程时可无限次使用。

辅助继电器由M与十进制数共同组成编号(只有输入输出继电器才用八进制数)。

(1)通用辅助继电器(M0～M499)

FX3U系列共有500点通用辅助继电器。通用辅助继电器在PLC运行时,如果电源突然断电,则全部线圈均 OFF。当电源再次接通时,除了因外部输入信号而变为 ON 的以外,其余的仍将保持 OFF 状态,它们没有断电保持功能。通用辅助继电器常在逻辑运算中作为辅助运算、状态暂存、移位等。

根据需要可通过程序设定,将 M0～M499 变为断电保持辅助继电器。

(2)断电保持辅助继电器(M500～M7679)

FX3U 系列有 M500～M7679 共 7179 个断电保持辅助继电器。它与普通辅助继电器不同的是具有断电保护功能,即能记忆电源中断瞬时的状态,并在重新通电后再现其状态。它之所以能在电源断电时保持其原有的状态,是因为电源中断时用 PLC 中的锂电池能保持它们映像寄存器中的内容。其中 M500～M1023 可由软件将其设定为通用辅助继电器。

(3)特殊辅助继电器(M8000～M8511)

PLC 内有大量的特殊辅助继电器,它们都有各自的特殊功能。FX3U 系列中有 512 个特殊辅助继电器,可分成触点型和线圈型两大类。

(4)状态(S0～S4095)

状态是用于编制顺序控制程序的一种编程元件,它与 STL 指令(步进梯形指令)一起使用。

通用状态没有断电保持功能。在使用 IST(初始化状态功能)指令时,其中的 S0～S9 可供初始状态使用。

有保持功能的状态在断电时用锂电池的 RAM、EEPROM 或电容器来保存其 ON/OFF 状态。

3. 定时器与内部计数器

(1)定时器(T0～T511)

PLC 中的定时器相当于继电器系统中的时间继电器。它有一个设定值寄存器字、一个当前值寄存器字和一个用来储存其输出触点状态的映像寄存器位,这三个存储单元使用同一个元件号。FX 系列 PLC 的定时器分为通用定时器和累计型定时器。

常数 K 可以作为定时器的设定值,也可以用数据寄存器的内容来设置定时器。如外部数字开关输入的数据可以存入数据寄存器,作为定时器的设定值。

(2)计数器(C0～C234)

内部计数器用来对 PLC 的内部映像寄存器(X、Y、M 和 S)提供的信号计数,计数脉冲为 ON 或 OFF 的持续时间,应大于 PLC 的扫描周期,其响应速度通常小于数十赫兹。

二、FX3U 系列 PLC 的基本指令

FX3U 系列 PLC 的基本指令是专门用于继电器逻辑控制的指令。FX3U/FX3UC 系列 PLC 的基本指令共有 29 条。下面分别介绍各条指令的功能及用法。

1. 操作开始指令(LD/LDI)

LD(Load)为取指令,用于常开触点与母线连接;LDI(Load Inverse)为取反指令,用于常闭触点与母线连接,如图 6.1.10 所示。LD 和 LDI 指令也可以与 ANB、ORB 指令配合使用于分支回路的起点。

LD/LDI可用的软元件有：X、Y、M、S、T、C。

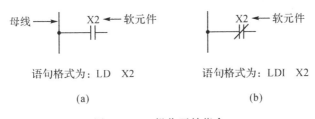

图 6.1.10　操作开始指令

2.触点串联连接指令(AND/ANI)

AND为"与"指令，用于单个常开触点与左边电路的串联。

ANI为"与非"指令，用于单个常闭触点与左边电路的串联。

AND/ANI指令用于单个触点的串联，且串联触点的数量不受限制，即该指令可重复使用多次。AND/ANI指令可用的软元件与LD/LDI指令相同。如图6.1.11所示。

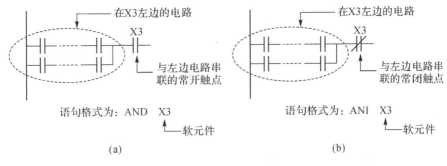

图 6.1.11　触点串联连接指令

3.触点并联连接指令(OR/ORI)

OR为"或"指令，用于单个常开触点与上面电路的并联，如图6.1.12(a)所示。

ORI为"或非"指令，用于单个常闭触点与上面电路的并联，如图6.1.12(b)所示。

OR/ORI指令用于单个触点的并联，且并联触点的数量不受限制，即该指令可重复使用多次。OR/ORI指令可用的软元件与LD/LDI指令相同。

4.支路(电路块)连接指令(ANB/ORB)

ANB(AND Block)为"与块"指令，用于执行电路块1与电路块2的"与"操作，如图6.1.13(a)所示。每一个电路块都从LD/LDI指令开始编程，电路块2编程结束后，使用ANB指令与前面的电路块1串联。

ORB(OR Block)为"或块"指令，用于执行电路块1与电路块2的"或"操作，如图6.1.13(b)所示。每一个电路块都从LD/LDI指令开始编程，电路块2编程结束后，使用ORB指令与上面的电路块1并联。

ANB和ORB不是触点的指令而是连接的指令，故它们没有操作数，即指令后面没有目标软元件。

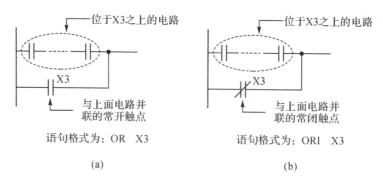

图 6.1.12　触点并联连接指令

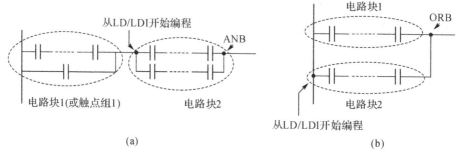

图 6.1.13　支路连接指令

5. 输出指令(OUT)

OUT 为线圈驱动指令,用来输出位于 OUT 指令前面电路的逻辑运算结果。其可用的软元件与 LD/LDI 基本相同,只是不能用于驱动输入继电器(X)。当用于驱动定时器 T 和计数器 C 的线圈时,需同时加上设定值。

并联的 OUT 指令可以连续使用若干次。线圈输出后,再通过一个触点或一组触点去驱动一个线圈输出叫做连续输出,如图 6.1.14(a)所示。

非连续输出又叫做多重输出,如图 6.1.14(b)所示。在线圈 M110 输出前需要一个存储 X1 状态的堆栈存储器,具体见后文的"推栈指令"的使用。

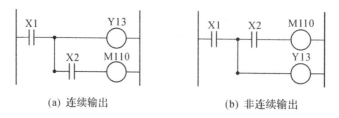

(a) 连续输出　　　　　　　　　(b) 非连续输出

图 6.1.14　输出指令

6. LDP(LDF)、ANDP(ANDF)、ORP(ORF)指令

LDP、ANDP、ORP 指令是进行上升沿检测的触点指令,它们所驱动的软元件仅在指定位元件的上升沿(OFF→ON)到来时,接通 1 个扫描周期。

如图 6.1.15 所示,当 X10 或 X11 从 OFF→ON 变化时,M10 接通一个扫描周期;当 X12 从 OFF→ON 变化时,M11 接通一个扫描周期。

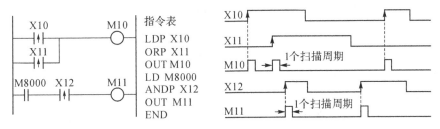

图 6.1.15　上升沿检测触点指令

LDF、ANDF、ORF 指令是进行下降沿检测的触点指令,它们所驱动的软元件仅在指定位元件的下降沿(ON→OFF)到来时,接通 1 个扫描周期。

如图 6.1.16 所示,当 X10 或 X11 从 ON→OFF 变化时,M10 接通一个扫描周期;当 X12 从 ON→OFF 变化时,M11 接通一个扫描周期。

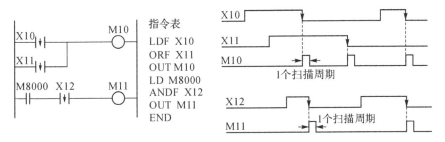

图 6.1.16　下降沿检测触点指令

7. 置位与复位指令(SET、RST)

SET 为置位指令。当 SET 的执行条件接通时,所指定的软元件接通。此时,即使 SET 的执行条件断开,所接通的软元件仍然保持接通状态(动作保持),直至遇到复位信号为止。SET 的目标软元件可为 Y、M、S、D□. b

RST 为复位指令,既可用于对位元件 Y、M、S、D□. b 以及 T 和 C 的线圈进行复位(即解除动作保持),也可用于对字元件 D、R、V、Z 中的数据及 T 和 C 的当前值进行清零(此时与用传送指令 MOV 将常数 K_0 传送到目标元件的效果相同)。

在一个梯形图中,SET 和 RST 指令的编程次序可以任意,但当两条指令的执行条件同时有效时,后编程的指令将优先执行。

 知识链接Ⅱ　　继电接触器控制电路转换成梯形图法

继电器接触器控制系统经过长期的使用,已有一套能完成系统要求的控制功能并经过验证的控制电路图,而 PLC 控制的梯形图和继电器接触器控制电路图很相似,因此可以直接将经过验证的继电器接触器控制电路图转换成梯形图。其主要步骤如下:

(1)熟悉现有的继电器控制线路。

(2)对照 PLC 的 I/O 端子接线图,将继电器电路图上的被控器件(如接触器线圈、指示灯、电磁阀等)换成接线图上对应的输出点的编号,将电路图上的输入装置(如传感器、按钮开关、行程开关等)触点都换成对应的输入点的编号。

(3)将继电器电路图中的中间继电器、定时器,用 PLC 的辅助继电器、定时器来代替。

(4)画出全部梯形图,并予以简化和修改。

这种方法对简单的控制系统是可行的,比较方便,但较复杂的控制电路就不适用了。

【例】 图 6.1.17 所示为电动机 Y/△减压起动控制主电路和电气控制的原理图。

(1)工作原理如下:按下启动按钮 SB2,KM1、KM3、KT 通电并自保,电动机接成 Y 形起动,2s 后,KT 动作,使 KM3 断电,KM2 通电吸合,电动机接成△形运行。按下停止按扭 SB1,电动机停止运行。

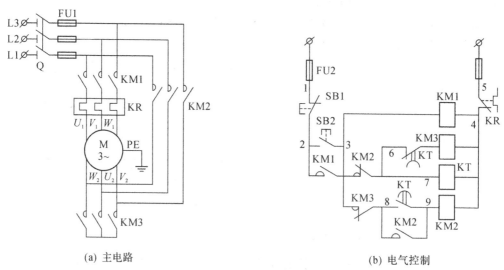

(a) 主电路   (b) 电气控制

图 6.1.17 电动机 Y/△减压起动控制的原理图

(2)I/O 分配:

输入	输出
停止按钮 SB1:I0.0	KM1:Q0.0
起动按钮 SB2:I0.1	KM2:Q0.1
过载保护 FR:I0.2	KM3:Q0.2

(3)梯形图程序:

转换后的梯形图程序如图 6.1.18 所示。按照梯形图语言中的语法规定简化和修改梯形图。为了简化电路,当多个线圈都受某一串并联电路控制时,可在梯形图中设置该电路控制的存储器的位,如 M0.0。简化后的程序如图 6.1.19 所示。

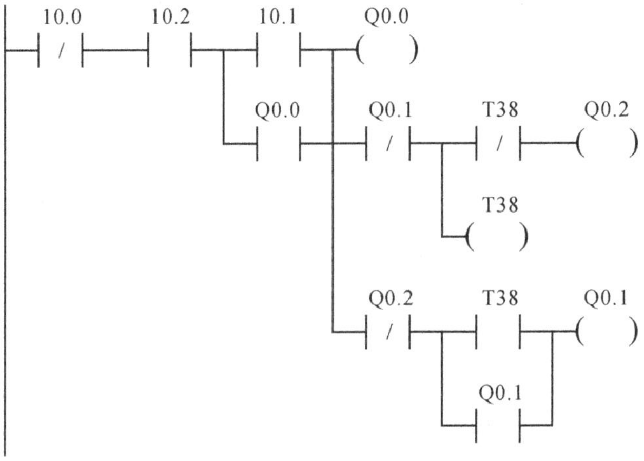

图 6.1.18　梯形图程序

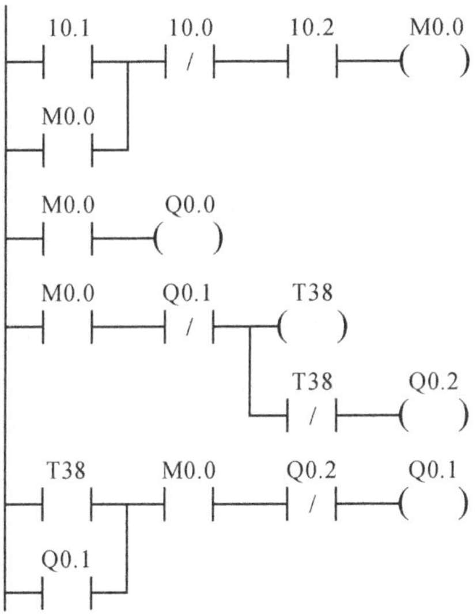

图 6.1.19　简化后的梯形图程序

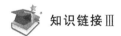**知识链接 Ⅲ**　　　　　　　　GX Developer 编程软件

一、GX Developer 编程软件的安装与仿真

1.GX Developer V8.52 编程软件的安装

GX Developer V8.52 编程软件的安装步骤如下：

(1)执行 EnvMEL\SETUP.EXE,安装"通用环境"。

(2)执行安装主目录下的 setup.exe,安装 GX Developer 8.52 中文版;安装时一路按提示进行,在出现"监视专用"复选框时,不能打勾,在出现其他复选框时,可以打勾。

（3）执行 GX Simulator6-C\目录下的 setup.exe，安装仿真软件。

（4）安装完成后在桌面创建 GPPW 快捷方式图标■。

2.GX Developer V8.52 编程软件的使用

启动 GPPW，界面参看图 6.1.20。

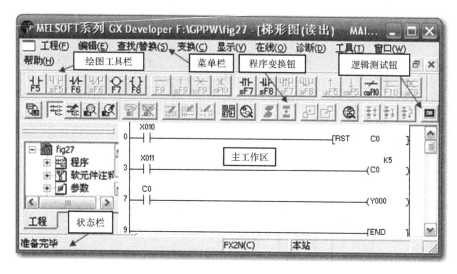

图 6.1.20 GPPW 界面

（1）新建工程

用菜单命令"工程_创建新工程"，出现"创建新工程"对话框；在 PLC 系列下拉列表框中选择 FXCPU，在 PLC 类型下拉列表框中选择 FX2N（C），其余按缺省的选项，如图 6.1.21 所示。然后，单击"确定"按钮，将在主工作区出现仅画好 END 的梯形图编辑界面。用菜单命令"工程→保存工程"以"fig27"工程名存盘。

图 6.1.21 创建新工程对话框

（2）绘制梯形图

用菜单命令"编辑→写入模式"进入写入模式，这样才能在主编辑区中绘制梯形图。可以用绘图工具栏中的绘图元件符号来绘制梯形图。画好后要用菜单命令"变换→变换"或单击变换按钮■，使梯形图由灰变白。

3.梯形图的模拟仿真

（1）点击"工具_梯形图逻辑测试起动（L）"，出现自动进行 PLC 写入的模拟进度画面，之后,出现监控状态窗和梯形图逻辑测试工具窗,分别如图 6.1.22 和图 6.1.23 所示。

图 6.1.22　监控状态窗

(2)再用"在线→调试→软元件调试",出现"软元件测试"对话框,在上部软元件列表框中输入要进行强制操作的软元件名,按需要,按"强制 ON"、"强制 OFF"和"强制 ON/OFF 取反"某一个按钮,在对话框下部"软元件"及"设置状态"下将会显示执行结果,如图 6.1.24 所示。

模拟仿真梯形图的画面如图 6.1.25 所示。其中,图(a)表示开始时的画面;图(b)表示对 X011 按了 9 次"强制 ON/OFF 取反",以模拟输入 5 个计数脉冲,C0 的当前值达到设定值 5,Y000 接通画面;图(c)表示 X010 被强制 ON 后,C0 才被复位,其当前值随之变为 0,Y000 被断开时的画面。

(3)最后再次单击逻辑测试按钮关闭测试。

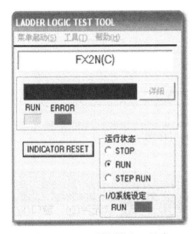

图 6.1.23　逻辑测试工具窗

图 6.1.24　软元件测试窗的上下部

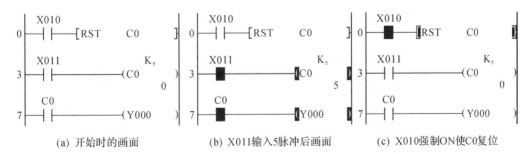

(a) 开始时的画面　　　(b) X011 输入 5 脉冲后画面　　　(c) X010 强制 ON 使 C0 复位

图 6.1.25　用 GX Simulator 模拟仿真梯形图的画面

4.梯形图模拟仿真时序图

梯形图模拟仿真时序图如图 6.1.26 所示。获得时序图的步骤为:先在图 6.1.23 逻辑测试工具窗,用如图 6.1.27 所示菜单命令"菜单起动→继电器内存监视",出现软元件内存监控窗时,再用如图 6.1.28 所示菜单命令"时序图→起动",将出现如图 6.1.26 所示的时序图窗。在时序图窗中,选中"软件登录"为"自动",选中"图表表示范围"为"X10",单击"监控停止"按钮即可进入监控状态,并自动在时序图窗左边出现此梯形图中的各个软元件(见图 6.1.26 左边)。调试方法与上面介绍的逻辑测试时的情形类似,只是改用双击来对 X010 和 X011 强制 ON/OFF,从而得到图 6.1.26 所示的时序图。

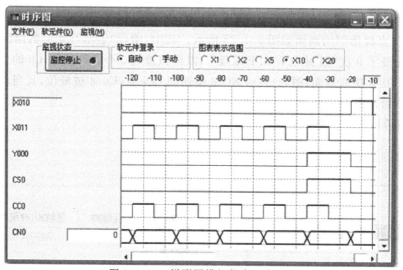

图 6.1.26　梯形图模拟仿真时序图

图 6.1.27　软元件内存监控命令

图 6.1.28　软元件内存监控窗

5.梯形图监控,在线调试运行

用 SC-09 电缆把 PC 机与 PLC 连接起来,对梯形图进行在线监控调试。用菜单命令"在线→PLC 写入(W)",将程序下载到 PLC 中;用"在线→监视→监视模式"进入监控。用外接按钮 X010 和 X011 进行调试;如果没有外接按钮,可用"在线→调试→软元件调试"进行调试。

6.退出仿真

单击主菜单中的"工具",选择"梯形图逻辑测试结束",退出仿真。

技能训练3　PLC实现电机降压启动线路连接

一、实训目的

1.进一步熟悉三菱PLC的特点及使用方法。

2.进一步熟悉PLC的编程语言(梯形图、指令表编程语言)。

3.掌握PLC控制电机降压启动。

二、实训器材

电气实训柜一台,三相异　电动机 Y100L-2 一台,计算机一台,编程电缆、插拔线若干

三、实训要求及接线原理

控制要求:按下启动按钮SB1,接触器KM1、KM3得电吸合,电机投入运行状态,5秒后,接触器KM3失电断开,KM2得电吸合,电机完成降压启动过程;运行过程中,按下停止按钮SB3,电机停止运行。

PLC实现电机降压启动的接线原理如图6.1.29所示。

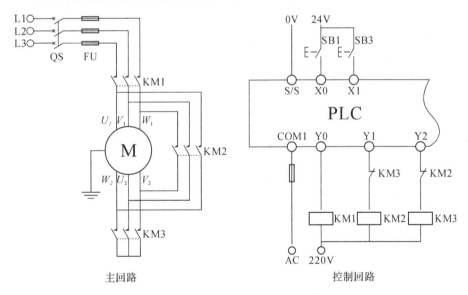

图 6.1.29　PLC实现电机降压启动线路原理

四、实训内容与步骤

(1)理解PLC控制电机降压启动的原理,根据控制要求进行编程并下载到PLC中。

(2)根据图6.1.29,利用实验插拔线进行电气连接(确保接线前,所有电源已断开)。

(3)检查接线无误后,依次将HMI与PLC单元、三相交流电源上电。

(4)按下U_1电机正反转控制线路的SB1启动电机,观察电动机是否实现降压启动。

（5）按下 U_1 电机正反转控制线路的 SB3 停止电机，观察电动机是否停止运行。

（6）断开所有设备电源，拆除实验插拔线。

五、分析与思考

（1）对比其他方式控制的电机降压启动，进一步理解 PLC 的特点。

（2）如何在控制回路中加入"启动"、"停止"状态指示灯，使得降压启动过程中"启动"指示灯闪烁，正常运行过程中，"启动"指示灯常亮。

（3）如何利用 PLC 实现程序互锁。

 知识链接 I　　　　**FX 系列 PLC 的基本指令和应用指令**

一、操作结果进栈、读栈、出栈指令（MPS、MRD、MPP）

MPS、MRD、MPP 指令用于多重分支输出电路的编程。

MPS(Push)为进栈指令，用于存储在执行 MPS 指令之前刚产生的操作结果。

MRD(Read)为读栈指令，用来读出由 MPS 存储的操作结果。

MPP(POP)为出栈指令，用来读出由 MPS 存储的操作结果，然后再清除由 MPS 存储的操作结果，也就是说，当执行完 MPP 指令后，栈内由 MPS 所存储的操作结果被清除，如图 6.1.30 所示。

操作结果进栈、读栈和出栈指令后面均无操作数。

MPS 指令和 MPP 指令的使用次数必须相等，否则会导致程序出错。

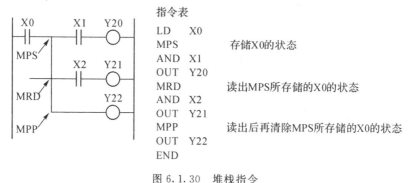

图 6.1.30　堆栈指令

二、主控指令（MC/MCR）

主控指令用于打开和关闭母线。每个主控程序均以 MC 指令开始，以 MCR 指令结束。其目标元件可为 Y、M。

MC 为主控开始指令，用于公共串联接点的连接。当 MC 指令的执行条件为 ON 时，执行从 MC 到 MCR 之间的程序。当 MC 指令的执行条件为 OFF 时，在主控程序中的积算定时器、计数器以及用置位/复位指令驱动的软元件都保持当前状态；而非积算定时器和用 OUT 指令驱动的软元件则变为断开状态。

MCR 为主控复位指令,表示主控范围的结束。在梯形图中,MCR 指令所在的分支上,不能有触点。

在主控范围内的编程方法与前面讲的相同,即与母线连接的触点从 LD/LDI 开始编程。当主控范围结束时,MCR 指令使后面的程序返回到原母线。

当在一个梯形图中多次使用主控指令而又不是嵌套结构(独立结构)时,可以反复多次使用 N0。如图 6.1.31 所示。

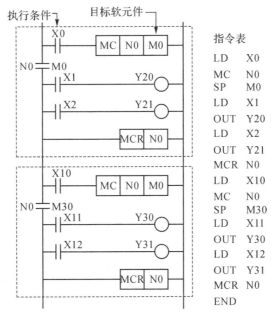

图 6.1.31　主控指令

对于严格要求按照顺序条件执行的电路,MC/MCR 可以采用多级嵌套,即在 MC 指令与 MCR 指令之间再次使用 MC/MCR 指令。其嵌套级号为 N0～N7,最多可用 8 级嵌套。MC 的嵌套级号从小级号开始,即从 N0 到 N7;而 MCR 的嵌套则从所使用嵌套级数的最大级号开始。如果嵌套级号用反了,则不能构成正确的嵌套,PLC 的操作将出错。

三、运算结果取反指令(INV)

运算结果取反指令(INV)用于将执行 INV 指令之前的运算结果取反。在 INV 指令后无软元件。

INV 指令只能用在与 AND 指令相同位置处。

INV 指令的用法和编程举例如图 6.1.32 所示。当 X5 为 ON 时,Y10 为 OFF;当 X5 为 OFF 时,Y10 为 ON。

四、空操作指令(NOP)

NOP 为空操作指令,其后无操作数,用于程序的修改。在执行 NOP 指令时,并不进行任何操作,但需占用一步的执行时间。

图 6.1.32　运算结果取反指令

NOP 指令用于以下情况：①为程序提供调试空间；②删除一条指令而不改变程序的步数（用 NOP 代替要删除的指令）；③临时删除一条指令；④短路某些触点。

使用 NOP 指令时须注意，在将 LD 或 LDI 指令改为 NOP 指令时，梯形图的结构将发生很大变化，甚至可能使电路出错。

五、程序结束指令(END)

END 为程序结束指令，无操作数，用于程序的终了。

PLC 以扫描方式反复进行输入处理、程序执行和输出处理。若在程序的末尾写入 END 指令，则在 END 以后的程序就不再被执行了，直接进行输出处理。调试程序时，常常在程序中插入 END 指令，将程序进行分段调试。

六、传送指令(MOV)

传送指令(MOV)如表 6.1.4 所示。

表 6.1.4　传送指令 FNC12-MOV

指令名称	指令编号	助记符	操作数		指令步数
			S(可变址)	D(可变址)	
传送	FNC12	MOV	K,H, KnX,KnY,KnM,KnS, T,C,D,V,Z	KnY,KnM,KnS T,C,D,V,Z	MOV(P);5 步 (D)MOV(P);9 步

传送指令 MOV 如图 6.1.33 所示，说明如下：

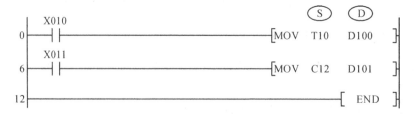

图 6.1.33　传送指令

(1)该指令将源操作数[S]中的数据传送到目标操作数[D]中去。

(2)MOV 指令可以进行(D)和(P)操作。

(3)如果[S]为十进制常数，执行该指令时自动转换成二进制数后进行数据传送。

(4)当输入断开时，不执行 MOV 指令，数据保持不变。

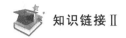 知识链接 Ⅱ   PLC控制系统的设计

一、PLC控制系统的设计原则

任何一种控制系统都是为了实现被控对象的工艺要求,以提高生产效率和产品质量。因此,在设计PLC控制系统时,应遵循以下基本原则:

(1)最大限度地满足被控对象的控制要求。

(2)在满足控制要求的前提下,力求使控制系统简单、经济、使用和维护方便。

(3)保证控制系统安全可靠。

(4)考虑到生产的发展和工艺的改进在选择PLC容量时应适当留有余量。

二、PLC控制系统的设计步骤

设计PLC应用系统时,首先是进行PLC应用系统的功能设计,即根据被控对象的功能和工艺要求,明确系统必须要做的工作和必备的条件。然后是进行PLC应用系统的功能分析,即通过分析系统功能,提出PLC控制系统的结构形式,控制信号的种类、数量,系统的规模、布局。最后根据系统分析的结果,确定PLC的具体机型和系统的具体配置。

PLC控制系统设计可以按以下步骤进行。

1.熟悉被控对象,制定控制方案

分析被控对象的工艺过程及工作特点,了解被控对象机、电、液之间的配合,确定被控对象对PLC控制系统的控制要求。

2.确定I/O设备

根据系统的控制要求,确定用户所需的输入(如按钮、行程开关、选择开关等)和输出设备(如接触器、电磁阀、信号指示灯等),由此确定PLC的I/O点数。

3.选择合适的PLC类型

选择时主要包括PLC机型、容量、I/O模块、电源的选择。

4.分配PLC的I/O地址

根据生产设备现场需要,确定控制按钮,选择开关、接触器、电磁阀、信号指示灯等各种输入/输出设备的型号、规格、数量;根据所选的PLC的型号列出输入/输出设备与PLC输入/输出端子的对照表,以便绘制PLC外部I/O接线图和编制程序。

5.设计软件及硬件

进行PLC程序设计,控制柜(台)等硬件的设计及现场施工。由于程序与硬件设计可同时进行,因此,PLC控制系统的设计周期可大大缩短,而对于继电器系统必须先设计出全部的电气控制线路后才能进行施工设计。

6.联机调试

联机调试是指将模拟调试通过的程序进行在线统调。开始时,先不带上输出设备(接触器线圈、信号指示灯等负载)进行调试。利用编程器的监控功能,采用分段调试的方法

进行。各部分都调试正常后,再带上实际负载运行。如果不符合要求,则对硬件和程序作调整。通常只需修改部分程序即可,全部调试完毕后,交付试运行。经过一段时间运行,如果工作正常、程序不需要修改则应将程序固化到 EPROM 中,以防程序丢失。

7.整理技术文件

整理技术文件的内容包括设计说明书、电气安装图、电气元件明细表及使用说明书等。

技能训练 4　PLC 实现十字路口交通灯控制

一、实训目的

(1)进一步熟悉三菱 PLC 的特点及使用方法。
(2)熟练使用基本指令,掌握 PLC 的编程方法和程序调试方法。
(3)掌握使用 PLC 解决一个实际问题。

二、实训器材

电气实训柜一台,十字路口交通灯实训挂箱一台,计算机一台,编程电缆、插拔线若干

三、实训要求及接线原理图

控制要求:信号灯受一个启动按钮控制,当启动按钮 SB1 接通时,信号灯系统开始工作,且先南北红灯亮,东西绿灯亮。当按下停止按钮 SB2 时,所有信号灯都熄灭。南北红灯亮维持 25 秒,在南北红灯亮的同时东西绿灯也亮,并维持 20 秒;到 20 秒时,东西绿灯闪亮,闪亮3 秒后熄灭。在东西绿灯熄灭时,东西黄灯亮,并维持 2 秒。到 2 秒时,东西黄灯熄灭,东西红灯亮,同时,南北红灯熄灭,绿灯亮,东西红灯亮维持 30 秒。南北绿灯亮维持 20 秒,然后闪亮 3 秒后熄灭。同时南北黄灯亮,维持 2 秒后熄灭,这时南北红灯亮,东西绿灯亮。周而复始。

四、十字路口交通灯实训面板

十字路口交通灯实训面板如图 6.3.34 所示。

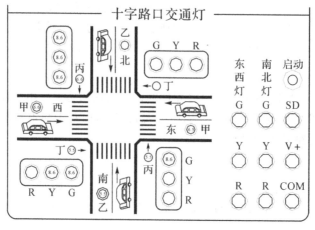

图 6.3.34　十字路口交通灯面板

五、实训内容与步骤

(1)确定I/O分配表。

(2)根据十字路口交通灯的I/O分配表,画出PLC控制系统I/O接线图。

(3)根据控制要求进行编程并下载到PLC中。

(4)根据接线图,利用实验插拔线进行电气连接(确保接线前,所有电源已断开)。

(5)检查接线无误后,将PLC单元上电,模拟运行,完成调试。

六、分析与思考

如何暂停时间继电器?

 **知识链接**　　　　　　　　　**PLC 程序的经验设计法**

一、PLC 程序的经验设计法

在 PLC 发展的初期,沿用了设计继电器电路图的方法来设计梯形图程序,即在已有的典型梯形图的基础上,根据被控对象对控制的要求,不断地修改和完善梯形图。有时需要多次反复地调试和修改梯形图,不断地增加中间编程元件和触点,最后才能得到一个较为满意的结果。

这种方法没有普遍的规律可以遵循,设计所用的时间、设计的质量与编程者的经验有很大的关系,所以有人把这种设计方法称为经验设计法。它可以用于逻辑关系较简单的梯形图程序设计。

用经验设计法设计 PLC 程序时大致可以按以下步骤来进行:①分析控制要求、选择控制原则;②设计主令元件和检测元件,确定输入输出设备;③设计执行元件的控制程序;④检查修改和完善程序。

二、经验设计法的特点

经验设计法对于一些比较简单的程序设计是比较奏效的,可以收到快速、简单的效果。但是,由于这种方法主要是依靠设计人员的经验进行设计,所以对设计人员的要求比较高,特别是要求设计者有一定的实践经验,对工业控制系统和工业上常用的各种典型环节比较熟悉。经验设计法没有规律可遵循,具有很大的试探性和随意性,往往需经多次反复修改和完善才能符合设计要求,所以设计的结果往往不很规范,因人而异。经验设计法一般适合于设计一些简单的梯形图程序或复杂系统的某一局部程序(如手动程序等)。如果用来设计复杂系统梯形图,存在以下问题:

1. 考虑不周、设计麻烦、设计周期长

用经验设计法设计复杂系统的梯形图程序时,要用大量的中间元件来完成记忆、联锁、互锁等功能,由于需要考虑的因素很多,它们往往又交织在一起,分析起来非常困难,并且很容易遗漏一些问题。修改某一局部程序时,很可能会对系统其他部分程序产生意想不到的影响,往往花了很长时间,还得不到一个满意的结果。

2.梯形图的可读性差、系统维护困难

用经验设计法设计的梯形图是按设计者的经验和习惯的思路进行设计的。因此,即使是设计者的同行,要分析这种程序也非常困难,更不用说维修人员了,这给 PLC 系统的维护和改进带来了许多困难。

任务二　电动机的变频调速控制

能力目标

1.会对变频器进行基本操作与参数设定。

2.能完成变频器控制电动机启停、正反转装置的安装与调试。

3.会进行变频器的安装、接线与常见故障的排除。

4.能完成恒压供水系统变频控制装置的编程、安装与调试。

知识目标

1.了解通用变频器的主电路结构、额定参数和设置方法。

2.了解变频器的选型和容量计算。

3.掌握变频器的运行功能。

技能训练 1　变频的概念与台达变频器的简介

一、实训目的

(1)了解变频的概念与台达变频器。

(2)熟悉变频器的基本操作。

二、实训器材

电气实训柜一台,变频器 VFD-M 一台,插拔线若干。

三、实训内容与步骤

(1)熟悉变频器的接线端子及操作面板。

(2)将 U_1 变频器的 R、S、T 端子分别与三相交流电源的 U_a、U_b、U_c 端子连接(确保接线前,所有电源已断开)。

(3)检查接线无误后,依次将三相交流电源、U_1 变频器上电。

(4)熟悉变频器的设置菜单及操作方法。

(5)熟悉变频器的基本参数及其设置范围。

(6)断开所有设备电源,拆除实验插拔线。

四、分析与思考

从网上下载并详细阅读台达变频器说明书,加深对台达变频器的认识。

五、分析与思考

(1)如何进行单个参数清除操作?

(2)如果所有参数清除操作正确无误,但却出现不能清除的情况,为什么? 应如何解决?

 **知识链接**　　　　　　　　**交流变频调速相关知识**

一、交流变频调速器

在交流调速系统中,变频器的作用是将频率固定(通常工频为50Hz)的交流电(三相的或单相的)变换成变频连续可调(多数为0~400Hz)的三相交流电。如图6.2.1所示,变频器的输入端(R、S、T)接至频率固定的三相交流电源,输出端输出的是频率在一定的范围内连续变化可调的三相交流电,接至电动机。

二、变频调速技术的原理

变频调速技术(Vaiahle Vaiahle Firequency Technology)是一项综合现代电气技术和计算机控制的先进技术,广泛应用于水泵节能和恒压供水领域。

变频调速的基本原理是根据交流电动机工作原理中的转速关系,即均匀改变电动机定子绕组的电源频率,就可以平滑地改变电动机的同步转速。电动机转速变慢,轴功率就相应减少,电动机输入功率也随之减少。这就是水泵变频调速的节能作用。

众所周知,水泵消耗功率与转速的三次方成正比,即 $P=Kn^3$。其中 P 为水泵消耗功率;n 为水泵运行时的转速;K 为比例系数。变频调速和智能控制技术,可

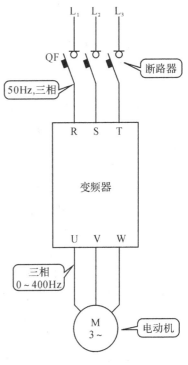

图6.2.1　变频器的使用

以使水泵运行的转速随流量的变化而变化,最终达到节能的目的。用阀门控制水泵流量时,部分有功功率被损耗浪费掉了,且随着阀门不断关小,这个损耗还要增加。如果采用降低电机转速的方式进行控制,就避免了消耗在阀门的有功功率。这样,在转运同样流量的情况下,仅需要输入较低的功率,就能获得节能效果。实践证明,使用变频设备可使水泵运行平均转速比工频转速降低20%,从而大大降低了能耗。

三、变频器的基本原理

变频技术是应交流电机无级调速的需要而诞生的。20世纪60年代以后,电力电子器件经历了 SCR(晶闸管)、GTO(门极可关断晶闸管)、BJT(双极型功率晶体管)、MOS-FET(金属氧化物场效应管)、SIT(静电感应管)、SITH(静电感应晶闸管)、MGT(MOS控制晶体管)、MCT(MOS控制晶闸管)、IGBT(绝缘栅双极型晶体管)、HVIGBT

（耐高压绝缘栅双极型晶闸管）的发展过程，器件的更新促进了电力电子变换技术的不断发展。20 世纪 70 年代开始，脉宽调制变压变频（PWM－VVVF）调速研究引起了人们的高度重视。20 世纪 80 年代，作为变频技术核心的 PWM 模式优化问题吸引着人们的浓厚兴趣，并得出诸多优化模式，其中以鞍形波 PWM 模式效果最佳。20 世纪 80 年代后半期开始，美、日、德、英等发达国家的 VVVF 变频器开始投入市场并获得了广泛应用。

变频器（Variable-frequency Drive，VFD）是应用变频技术与微电子技术，通过改变电机工作电源频率方式来控制交流电动机的电力控制设备。变频器主要由整流（交流变直流）、滤波、逆变（直流变交流）、制动单元、驱动单元、检测单元、微处理单元等组成。变频器靠内部 IGBT 的开断来调整输出电源的电压和频率，根据电机的实际需要来提供其所需要的电源电压，进而达到节能、调速的目的。另外，变频器还有很多的保护功能，如过流、过压、过载保护等。

主电路是给异步电动机提供调压调频电源的电力变换部分，变频器的主电路大体上可分为电压型和电流型两类。电压型是将电压源的直流变换为交流的变频器，其直流回路的滤波是电容。电流型是将电流源的直流变换为交流的变频器，其直流回路的滤波是电感。变频器由三部分构成，将工频电源变换为直流功率的"整流器"，吸收在变流器和逆变器产生的电压脉动的"平波回路"，以及将直流功率变换为交流功率的"逆变器"。

（1）整流器：目前大量使用的是二极管的变流器，它把工频电源变换为直流电源。也可用两组晶体管变流器构成可逆变流器，由于其功率方向可逆，可以进行再生运转。

（2）平波回路：在整流器整流后的直流电压中，含有电源 6 倍频率的脉动电压，此外逆变器产生的脉动电流也使直流电压变动。为了抑制电压波动，采用电感和电容吸收脉动电压（电流）。装置容量小时，如果电源和主电路构成器件有余量，可以省去电感采用简单的平波回路。

（3）逆变器：同整流器相反，逆变器是将直流功率变换为所要求频率的交流功率，以所确定的时间使 6 个开关器件导通、关断就可以得到三相交流输出。

控制电路是给异步电动机供电（电压、频率可调）的主电路提供控制信号的回路，它有频率、电压的"运算电路"，主电路的"电压、电流检测电路"，电动机的"速度检测电路"，将运算电路的控制信号进行放大的"驱动电路"，以及逆变器和电动机的"保护电路"组成。

（1）运算电路：将外部的速度、转矩等指令同检测电路的电流、电压信号进行比较运算，决定逆变器的输出电压、频率。

（2）电压、电流检测电路：与主回路电位隔离检测电压、电流等。

（3）驱动电路：驱动主电路器件的电路。它与控制电路隔离使主电路器件导通、关断。

（4）速度检测电路：以装在异步电动机轴机上的速度检测器（tg、plg 等）的信号为速度信号，送入运算回路，根据指令和运算可使电动机按指令速度运转。

（5）保护电路：检测主电路的电压、电流等，当发生过载或过电压等异常时，为了防止逆变器和异步电动机损坏，使逆变器停止工作或抑制电压、电流值。

变频器常见的频率给定方式主要有：操作器键盘给定、接点信号给定、模拟信号给定、脉冲信号给定和通信方式给定等。这些频率给定方式各有优缺点，须按照实际所需进行选择设置，同时也可以根据功能需要选择不同频率给定方式之间的叠加和切换。

变频器的基本组成分为四部分：整流单元、高容量电容、逆变器和控制器。整流单元：将工作频率固定的交流电转换为直流电；高容量电容：存储转换后的电能；逆变器：由大功率开关晶体管阵列组成电子开关，将直流电转化成不同频率、宽度、幅度的方波；控制器：按设定的程序工作，控制输出方波的幅度与脉宽，使叠加为近似正弦波的交流电，驱动交流电动机。

四、变频器的基本参数

变频器功能参数很多，一般都有数十甚至上百个参数供用户选择。实际应用中，没必要对每一参数都进行设置和调试，多数只要采用出厂设定值即可。但有些参数由于和实际使用情况有很大关系，有的还相互关联，因此要根据实际进行设定和调试，使用中常常遇到因个别参数设置不当，导致变频器不能正常工作的现象。因各类型变频器功能参数的名称也不一致，为叙述方便，以台达变频器基本参数名称为例。由于基本参数是各类型变频器几乎都有，完全可以做到触类旁通。

（1）控制方式：即速度控制、转距控制、PID 控制或其他方式。采取控制方式后，一般要根据控制精度，进行静态或动态辨识。

（2）最低运行频率：即电机运行的最小转速，电机在低转速下运行时，其散热性能很差，电机长时间运行在低转速下，会导致电机烧毁。而且低速时，其电缆中的电流也会增大，会导致电缆发热。

（3）最高运行频率：一般的变频器最大频率到 60 Hz，有的甚至到 400 Hz，高频率将使电机高速运转。过高的转速会使电机轴承寿命缩短的，电机使用变频时，能承受的最高频率由电机的工艺决定的，建议不要超过电机设计要求运行。

（4）载波频率：设置的越高其高次谐波分量越大，这和电缆的长度、电机发热、电缆发热、变频器发热等因素是密切相关的。

（5）电机参数：变频器在参数中设定电机的功率、电流、电压、转速、最大频率，这些参数可以从电机铭牌中直接得到。

（6）跳频：在某个频率点上，有可能会发生共振现象，特别在整个装置比较高时；而在控制压缩机时，要避免压缩机的喘振点。

技能训练 2　变频器控制电机的最简单控制

一、实训目的

（1）熟悉变频器的基本操作。
（2）掌握变频器控制电机的方法。

二、实训器材

电气实训柜 1 台，变频器 VFD-M 1 台，三相电机 Y100L-2 1 台，插拔线若干。

三、实训要求

控制要求：输出电压 220V，输出频率 60 Hz。

四、实训内容与步骤

(1)将 U_1 变频器的 U、V、W 端子分别与电机输入端连接(确保接线前,所有电源已断开)。

(2)将 U_1 变频器的 R、S、T 端子分别与三相交流电源的 U_a、U_b、U_c 端子连接。

(3)检查接线无误后,依次将三相交流电源、U_1 变频器上电。

(4)根据实训要求,对变频器参数进行设置。

(5)检查参数无误后,按"RUN"键,运行电机,观察旋转方向、加速时间,电机运行是否正常。

(6)调节输出频率,熟悉变频器调速的升速、降速操作。

(7)按"STOP"键,停止电机,观察减速时间、电机是否停止运行。

(8)断开所有设备电源,拆除实验插拔线。

五、分析与思考

(1)变频器调速的优点有哪些?
(2)如何利用电气实训柜中的设备,对变频器的输出进行监测?

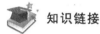 **知识链接**　　　　　　　**通用变频器的介绍**

一、变频器的组成与功能

1.主控电路

(1)主控电路的基本任务

①接受各种信号。在功能预置阶段,接受对各功能的预置信号;接受从键盘或外界输入端子输入的给定信号;接收从外接输入端子输入的控制信号;接受从电压、电流采样电路以及其他传感器输入的状态信号。

②进行基本运算。进行矢量控制运算或其他必要的运算;实时计算出 SPWM 波形各切换点的波形。

③输出计算结果。输出至逆变管模块的驱动电路,使逆变管按给定信号及预置要求输出 SPWM 电压波。输出给显示器,显示当前的各种状态。输出给外接输出控制端子。

(2)主控电路的其他任务

①实现各种控制功能。
②实施各项保护功能。

3.面板控制器

操作面板由显示器和键盘输出器构成。

4.外接给定与输入控制端

(1)外接给定端

各种变频器都配有接受从外部输入给定信号的端子。根据给定信号类别的不同,通常有电压信号给定端和电流信号给定端。

(2)外接输入控制端

外接输入控制端用于接受外部输入的各种控制信号,以便对变频器的工作状态和输出频率进行控制。

5.外接输出控制端

(1)报警输出端:通常采取继电器输出。

(2)测量信号输出端:模拟量测量信号和数字量测量信号。

(3)状态信号输出端:主要有运行信号、频率到达信号、频率检测信号等,各输出端的具体测量内容可通过功能预置来设置。

状态信号的输出电路通常是晶体管的集电极开路输出方式,用于直流低压电路中。外电路可通过光电耦合管接受其信号,可直接用发光二极管来指示各种状态。

6.控制电源、采样及驱动电路

(1)控制电源

①主控电路:以微机电路为主体,要求提供稳定性非常高的 $0\sim+5V$ 电源。

②外控电路:为给定的电位器提供电源,通常为 $0\sim+5V$ 或 $0\sim+10V$;为外接传感器提供电源,通常为 $0\sim+24V$。

(2)采样电路

采样电路的主要作用是提供控制用数据和保护采样。

①提供控制用数据,尤其是进行矢量控制时,必须测定足够的数据,提供给微机进行矢量控制运算。

②提供保护采样,将采样值提供给各保护电路(在主控电路内),在保护电路内与有关的极限值进行比较,必要时采取跳闸等保护措施。

(3)驱动电路

驱动电路用于驱动各逆变管,如逆变管 GTR。驱动电路还包括以隔离变压器为主体的专用驱动电源。但现在大多数中、小容量变频器的逆变管都采用 IGBT 管,逆变管的控制极和集电极、发射极之间是隔离的,不再需要隔离变压器。

二、变频器的主要外接电路

变频器的外接电路是变频器的接线端子和外围设备相连的电路,变频器的接线端子分为主回路端子和控制回路端子。各变频器的主回路端子相差不大,通常用 R、S、T 表示交流电源的输入端,U、V、W 表示变频器的输出端。

1.外接主电路的结构

(1)单独控制的主电路

变频器在实际应用中,还需要和许多外接的配件一起使用,图6.2.2所示为单独控制的外接主电路。QF 是空气断路器,KM 是接触器的主触点,UF 是变频器。

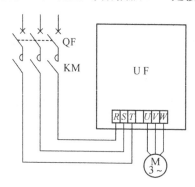

(a) 实际接线

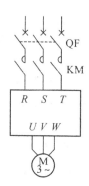

(b) 电路符号

图 6.2.2   变频器的外接主电路

空气断路器的主要功能是:

①隔离作用。当变频器需要检修,或由于某种原因而长时间不用时,将 QF 切断,使变频器与电源隔离。

②保护作用。当变频器的输入侧发生短路故障时,进行保护。

接触器的主要功能是:

①可通过按钮方便地控制变频器的通电与断电。

②变频器发生故障时,可自动切断电源。

由于变频器有比较完善的过电流和过载保护功能,且空气断路器也具有过电流保护功能,因此进线侧可不必接熔断器。又由于变频器内部具有电子热保护功能,因此在只接一台电动机的情况下,可不必接热继电器。

(2)与工频切换的主电路

①在供水系统中,为了减少设备的投资费用,常常采用有一台变频器来控制两台或三台水泵的方案。其工作过程是:首先由变频器控制一号泵,实行恒压供水,当工作频率已经达到 49 Hz 或 50 Hz,而供水量尚不足时,则将一号泵切换成工频运行,再由变频器去启动二号泵。

②某些生产机械是不允许停机的。在"变频"运行时,当变频器因发生故障而跳闸时,需将电动机迅速切换至工频运行,使生产机械不停机。

③用户可根据工作需要选择"工频运行"或"变频运行"。

切换控制的电路如图 6.2.3 所示,其特点如下:

①由于电动机具有再工频下运行的可能性,因此熔断器 FU 和热继电器 FR 是不能省略的。

②在进行控制时,变频器的输出接触器 KM₂ 和工频

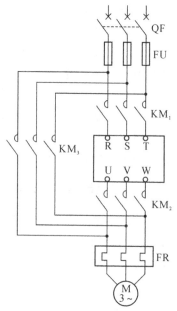

图 6.2.3   切换控制的主电路

接触器 KM₃ 之间必须有可靠的互锁,防止工频电源直接和变频器的输出端相接而损坏变频器。

2.与工频切换的控制电路

(1)主电路

主电路如图 6.2.4 所示,接触器 KM₁ 用于将电源接至变频器的输入端;KM₂ 用于将变频器的输出端接至电动机;KM₃ 用于将工频电源接至电动机,热继电器 FR 用于工频运行时的过载保护。

(2)控制电路

控制电路如图 6.2.5 所示,控制电路的要求是:接触器 KM₂ 和 KM₃ 绝对不允许同时接通,互相间必须有可靠的互锁。运行方式有三位开关 SA 进行选择。

当 SA 合至"工频运行"方式时,按下启动按钮 SB₂,中间继电器 KA₁ 得电吸合并自锁,其动合触点 KA₁(1—7)闭合,使接触器 KM₃ 得电吸合。KM₃ 的主触点闭合,电动机进入"工频运行"状态。按下停止按钮 SB₁,中间继电器 KA₁ 和接触器 KM₃ 均失电,电动机停止运行。

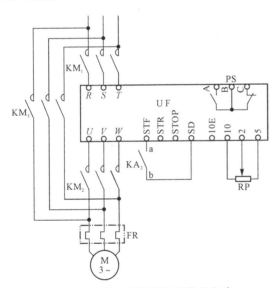

图 6.2.4　继电器控制的切换主电路

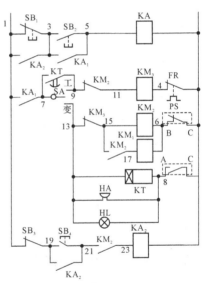

图 6.2.5　继电器控制的切换控制电路

当 SA 合至"变频运行"方式时,按下启动按钮 SB₂,中间继电器 KA₁ 得电吸合并自锁,其动合接触点 KA₁(1—7)闭合,使接触器 KM₂ 得电吸合。KM₂ 的主触点闭合,将电动机接至变频器的输出端。KM₂ 得电吸合后,其动断触点 KM₂(9—11)断开,使 KM₃ 失电释放,其主触点断开,电动机脱离工频电源;其动合接触点 KM₂(15—17)闭合,使 KM₁ 也得电吸合,其主触点闭合,将工频电源接到变频器的输入端,并允许电动机启动。KM₁ 的动合触点 KM₁(21—23)闭合,为 KA₂ 得电做准备。

按下 SB4,中间继电器 KA₂ 得电吸合,其动合触点 KA₂(a—b)闭合,电动机开始加速,进入"变频运行"状态。KA₂ 动作后,其动合触点 KA₂(1—3)闭合,停止按钮 SB₁ 将失去作用,以防止直接通过切断变频器电源使电动机停机。

在变频运行过程中，如果变频器因故障而跳闸，则触点"PS(B—C)"断开，接触器 KM_2 和 KM_1 均失电，变频器和电源之间，以及电动机和变频器之间，都被切断。与此同时，触点"PS(C—A)"闭合，一方面，由蜂鸣器 HA 和指示灯 HL 进行声光报警；另一方面，时间继电器 KT 得电，其触点 KT(7—9)延时后闭合，使 KM_3 得电吸合，电动机进入工频运行状态。

操作人员发现后，应将选择开关 SA 旋至"工频运行"位。此时，声光报警停止，并使时间继电器 KT 断开。

3．正反转控制电路

继电器控制的正反转电路的主电路如图 6.2.6 所示，控制电路如图 6.2.7 所示。

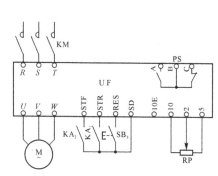

图 6.2.6　继电器控制的正、反转主电路　　图 6.2.7　继电器控制的正、反转控制电路

按钮 SB_2、SB_1 用于控制接触器 KM，从而控制变频器接通或切断电源。

按钮 SB_4、SB_3 用于控制正转继电器 KA_1，从而控制电动机的正转运行和停止。

按钮 SB_5、SB_3 用于控制反转继电器 KA_2，从而控制电动机的反转运行和停止。

正转与反转运行只有在接触器 KM 已经运作变频器已经通电的状态下才能运行。

与按钮 SB_2 的动触点并联的 KA_1、KA_2 的动合触点用以防止电动机在运行状态下通过 KM 直接停机。

三、变频器的主要参数简介

1．启停控制方式

变频器初上电时，处于待机状态。此时其输出端子 U、V、W 没有电源输出，电动机处于停机状态。若要启动变频器，使其输出预期频率的交流电源，则必须将其启动。启动方式有：可通过设置相关的参数进行选择，选择哪种方式应根据生产过程的控制要求和生产作业的现场条件等因素来确定，达到即满足控制要求，又能够达到"以人为本"的目的。

（1）操作面板的控制

通用的变频器均配有操作面板，其上有按键和显示器。可以设定变频器的运行频率、监视操作命令、设定各种符号运行要求的参数和显示故障报警信息等，同时也可以利用其他的按键进行变频器的启停控制。这种模式不需要外接其他的操作控制信号，可以直接在变频器的面板上进行远距离的操作。一般采用面板控制方式的启停控制只有在变频器试用或者系统初期调试时使用,比较方便,但不用于自动控制系统。

对于台达变频器,在选择操作面板控制方式时,则需将参数 P01 设定成 0,由于为出厂设定值,可以不用设定。其操作面板如图 6.2.8 所示。

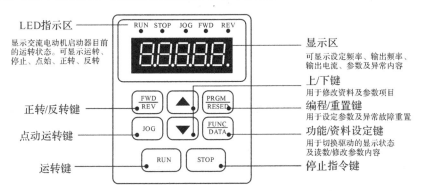

图 6.2.8　VFD-F 变频器的操作面板

VFD 变频器操作面板按键功能如表 6.2.1 所示。

表 6.2.1　VFD-F 变频器操作面板按键功能

操作面板	功能说明
PRGM/RESET	选择正常操作模式或编程模式,在变频器运转或停机状态,按此键均有效,若变频器因异常情况而发生中断,在异常现象排除后,按此键可复位
FWD/REV	按下此键会使电动机减速至 0Hz,再以反方向开始加速至所设定的频率值
JOG	按下此键,按着预先设定的点动频率执行点动运行
FUNC/DATA	在正常操作模式下,按此键可显示变频器各项状态信息,如给定频率、输出频率及输出电流;在编程模式下压按此键,可显示参数内容,在压按此键可将更改过的数据写入可掉电记忆的存储器内
RUN	启动运行键,若设定为外围端子控制,按此键无效
STOP	停止运行键

(2)外接端子控制方式

通用的变频器均有专门启停控制方式的外部端子,一般由外部的命令按钮或 PLC 的输出端子控制,适用于构成自动控制系统,用得较多。

对于台达 VFD-F 变频器,若选择外围端子控制方式,则需将 P01 参数设定成 1 或 2。

(3)通信控制方式

目前的变频器一般都具有通信功能,通过 RS485 等通信链路实现 PC 机与变频器之间、变频器与变频器之间以及变频器与 PLC 之间的数据交换,可以实现变频器的启停控制及参数设定等。其具有传输数据量大、节省导线等优点,在大型的自动化系统中应用较多。

对于台达 VFD-F 变频器,若选择通信控制方式,则需将 P01 参数设定成 3 或 4。

2.与频率设定相关的参数

(1)给定频率

与频率给电信号相对应的频率称为给定频率。

(2)输出频率

变频器实际输出的频率。

(3)基本频率

与变频器最大输出电压相对应的频率称为基本频率。基本频率一般预置成电动机的额定频率,在我国为 50Hz。因此设定好后,基本频率是一定值,与给定信号无关。

(4)最大频率

最大频率是与最大的给定信号相对应的频率,也是变频器允许输出的最高频率。最大频率一般设置成等于电动机的额定频率。设置好了最大频率,则外部频率给定信号和给定频率的对应关系就确定了。

(5)上限频率

上限频率不同于最大频率,它和频率给定信号没有对应的关系。上限频率应和生产机械所要求的最高转速相对应,一般不能超过最大频率。变频器的输出频率不可能超过上限频率,因此它可以避免生产机械运行在过高的转速下。

(6)下限频率

下限频率和生产机械所要求的最低频率相对应。变频器的输出频率不可能低于下限频率,具有保护作用。

(7)启动频率

启动频率是指变频器启动时的开始频率。由于在恒 U/f 控制方式下,在开始启动时,频率很低,电压很低,使得电动机启动转矩不足,对于较大的负载可能会造成电动机无法启动。为了避免这一频率死区,可将启动频率设置成能够确保电动机正常启动的频率上。但启动频率过高会造成电动机启动不平滑,对生产机械造成冲击。需要注意的是,启动频率预置好后,小于该启动频率的运行频率将不能工作。

(8)跳跃频率

任何机械都有一个固有振荡频率,在对机械进行无极调速时,其实际的频率也在不断的变化。当两个频率相等时,机械将发生谐振,振荡加剧,可能损坏设备。消除机械共振的方法很多,在变频器中,只要使其输出频率始终不经过导致谐振的频率值,就可以避免共振。这个频率值就是跳跃频率。

(9)点动频率

有时为了工件等的定位需要点动运行,此参数可设定点动运行速度。

3.频率给定方式

频率给定方式就是调节变频器输出频率的具体方法。

(1)外部模拟量给定方式

当给定信号为模拟量时,频率给定精度略低。给定信号有以下两种:

①电压信号:以电压大小作为给定信号,给定信号的范围一般 0~10V。

②电流信号:以电流大小作为给定信号,给定信号的范围一般为 4~20mA。

(2)数字量给定方式

当给定信号为数字量时,频率给定精度高。常见的给定方式有以下两种:

①操作面板给定:通过面板上的"加"键和"减"键来控制频率的上升和下降。

②多档转速控制:在变频的外接控制端子中,通过必要的参数设置,可以将若干个输入端作为多档转速控制端。根据这若干个输入端子的状态(接通或断开)可以组合成若干档。每一档可预置一个对应的工作频率。这样电动机速度的切换就可以用外部开关通过改变外接控制端子的状态来实现。

(3)通信给定方式

由上位机通过通信接口进行设定,上位机一般为 PC 机或可编程控制器 PLC。

4.变频器的控制方式

(1)恒 U/f 控制

为了保证磁通为恒值,以充分发挥电动机的潜能,变频调速最基本的方法就是使输出的频率和输出的电压按正比例变化。此控制方法的缺点是低频区电动机转矩不足,因此在低速时一般要使用转矩提升功能。

(2)矢量控制

矢量控制的基本思路就是模仿直流调速的特点实现对电磁转矩的有效控制,可与直流调速相媲美,其控制性能优于普通的恒 U/f 控制。

矢量控制的效果与三相感应电动势的参数有很大的关系。因此,如果选用矢量控制方式,就必须向变频器提供相关的消息,如定子电感和电阻、转子电感和电阻、转速等参数。当前,由于变频器的智能化程度越来越高,矢量控制所需的参数可由变频器的参数自测功能实现,速度信息也可以估算出来,可省去转速传感器。

(3)直接转矩控制

直接转矩控制和矢量控制都是高性能的控制方式,但直接转矩控制对电机参数的依赖程度略高于矢量控制。

5.工艺参数

(1)加减速时间

变频器的加减速时间,一般是指从零频率上升到变频器最高频率或者从最高频率下降到零频率的时间。加减速时间的设定值大小,应该确保电动机再升速过程中将电流限制在过电流的限幅范围内,不应使过电流保护动作;加速时间的设定值大小应确保电动机在减速的过程中不能使直流回路的电压过高,造成过电压保护动作。

在加速时间的设定时,如果频率范围是从 n_1 到 n_2,而不是从零到最高速,加速时间的设定值必须进行换算,如下式:

$$T_a = T_{(N_{max}-0)}/(n_2-n_1)$$

式中:N_{max} 为最高速度;T 为从加速到用户希望的加速时间;T_a 为换算后的设定时间。对于减速具有相似的关系。

（2）加减速曲线

频率启动是通过控制定子电压和定子频率来获得所需的启动性能。根据工作的需要，启动时常有以下几种情况需要考虑：启动电流最小，或启动损耗最小，或是启动时间最短，或启动过程平滑等。

（3）齿隙补偿曲线

对于齿隙补偿曲线，其加减速时的停止频率和停止时间可通过参数 Pr.140～Pr.143 来设定，具体如表 6.2.2 所示。

表 6.2.2　齿隙补偿相关参数设定

参数号	出厂设定	设定范围	备注
29	0	0～3	3：齿隙曲线
140	1.00Hz	0～400Hz	当 Pr.29＝3 时有效
141	0.5s	0～360s	当 Pr.29＝3 时有效
142	1.00Hz	0～400Hz	当 Pr.29＝3 时有效
143	0s	0～360s	当 Pr.29＝3 时有效

（4）转矩提升

在恒 U/f 控制方式中，当变频器在低频区运行时（如启动初期），定子电压很低，此时由于钉子压降落在定子阻抗上的比例增加，造成磁通降低，从而使电动机产生的电磁转矩不足，在负载较大时电动机无法正常启动或无法拖动负载运行。为此，必须对低频区的转矩加以提升，方法就是在低频区人为地将定子电压增加一部分，增加的部分就能消除或减弱定子阻抗对磁通的影响。

6.变频器参数

（1）死区时间

在变频器逆变电路部分，为了防止同一相上下桥臂两个功率开关器件同时导通，从而发生桥臂直通现象，所以要设置死区时间。死区时间的大小与开关器件关断时间有关，死区时间太小有方式桥臂直通的危险，太大则会影响输出波形的质量。一般使用出厂值即可。

（2）载波频率

载波频率高低影响电动机运行时的噪声大小和变频器的开关损耗等。早变频器运行时若对噪声抑制要求不高，可选较低的载波频率，这将有利于减少变频器的开关损耗金额，降低射频干扰发射的强度。一般使用出厂值即可。

7.PID 调节功能参数

大多数变频器都自带有 PID 调节功能，但也有一部分变频器是需要附加选件才能具有该项功能。变频器如进行 PID 控制，需要对相关参数进行设定。

PID 是闭环控制系统对被调量的给定值和时间值之间的偏差进行调节的一种控制规律，其全称是比例—积分—微分控制器，其调节的目标是使被调量的时间值跟踪给定值。此控制器需要调节三个参数，即比例增益（P）、积分时间（I）和微分时间（D）。比例增益

(P)越大,系统响应越快,稳态误差越小,但可能引起系统不稳定。积分时间(I)越小,到达给定值就越快,但也容易引起振荡,积分作用一般使输出响应滞后。微分时间(D)越大,反馈的微小变化就会引起较大的响应,微分作用一般使输出响应超前。各参数的取值要根据实际的被控对象的特点来设定。

在使用变频器中的PID功能时,除了P、I两个参数外(一般微分环节不用),还要指定给定信号和反馈信号接收端子以及设定反馈信号的滤波时间常数等。

8.报警与故障参数

在通用变频器中,故障保护与报警功能是很完善的,比如过流、过载、过压、欠压保护等,这为用户提供了很大的方便。通过故障报警提示信息,可以帮助用户找到故障原因,自动消除故障。当然,如果由于使用上重大错误而引起的变频器毁灭性损坏,变频器自身的保护措施也是无能为力的。

技能训练3 PLC控制变频器实现电机正反转

一、实训目的

(1)熟悉变频器的基本操作。
(2)掌握PLC控制变频器实现电机正反转。

二、实训器材

电气实训柜一台,计算机一台,变频器VFD-M一台,三相电机Y100L-2一台,编程电缆、插拔线若干。

三、实训要求

控制要求:按下正转按钮SB1,电机进入正转运行状态;运行过程中,按下停止按钮SB3,电机停止运行;按下反转按钮SB2,电机进入反转运行状态。

四、实训内容与步骤

(1)理解PLC控制变频器实现电机正反转运行的原理,根据控制要求进行编程并下载到PLC中。

(2)根据图6.2.9,利用实验插拔线进行电气连接(确保接线前,所有电源已断开)。

(3)检查接线无误后,依次将三相交流电源、HMI与PLC单元、U_1变频器上电。

(4)根据实训要求,对变频器参数进行设置。

(5)检查参数无误后,按HMI与PLC单元的"SB1"键,正转运行电机,观察旋转方向、加速时间、电机运行是否正常。

(6)按HMI与PLC单元的"SB3"键,停止电机,观察减速时间、电机是否停止运行。

(7)检查参数无误后,按HMI与PLC单元的"SB2"键,反转运行电机,观察旋转方向、加速时间、电机运行是否正常。

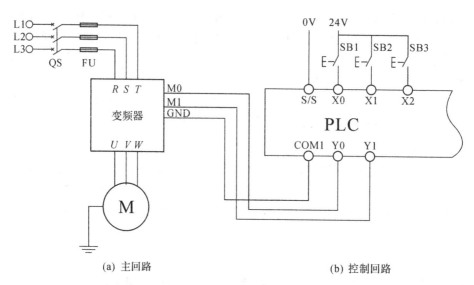

(a) 主回路　　　　　　　　　　　　　　(b) 控制回路

图 6.2.9　PLC 控制变频器实现电机正反转原理

(8) 按 HMI 与 PLC 单元的"SB3"键,停止电机,断开所有设备电源,拆除实验插拔线。

五、分析与思考

(1) PLC 控制变频器调速的优点有哪些?

(2) 尝试更多 PLC 控制变频器的运行模式。

 知识链接　　　　　　**变频调速恒压供水系统电路设计**

一、恒压供水系统概述

供水系统是国民生产生活中不可缺少的重要一环。传统供水方式占地面积大,水质易污染,基建投资多,而最主要的缺点是水压不能保持恒定,导致部分设备不能正常工作。变频调速技术是一种新型的成熟交流电机无极调速技术,它以其独特优良的控制性能被广泛应用于速度控制领域,特别是供水行业中。由于安全生产和供水质量的特殊需要,对恒压供水压力有着严格的要求,因而变频调速技术得到了更加深入的应用。恒压供水方式技术先进、水压恒定、操作方便、运行可靠、节约电能、自动化程度高,在泵站供水中可完成以下功能:

(1) 维持水压恒定。

(2) 控制系统可手动/自动运行。

(3) 多台泵自动切换运行。

(4) 系统睡眠与唤醒。当外界停止用水时,系统处于睡眠状态,直至有用水需求时自动唤醒。

(5) 在线调整 PID 参数。

(6) 泵组及线路保护检测报警、信号显示等。

将管网的实际压力经反馈后与给定压力进行比较,当管网压力不足时,变频器增大输出频率,水泵转速加快,供水量增加,迫使管网压力上升。反之,水泵转速减慢,供水量减小,管网压力下降,保持恒压供水。

恒压供水系统采用压力传感器、PLC和变频器作为中心控制装置,实现所需功能。输配电设备网安装在管网干线上的压力传感器,用于检测管网的水压,将压力转化为4～20mA的电流或者是0～10V的电压信号,提供给变频器。

变频器是水泵电机的控制设备,能按照水压恒定需要将0～50Hz的频率信号供给水泵电机,调整其转速,变频器功能强大,即预先编置好参数集,将使用过程中所需设定的参数数量减小到最小,参数的缺省值依应用宏的选择而不同。系统采用PID控制的应用宏,进行闭环控制。变频器根据恒压时对应的电压设定值与从压力传感器获得的反馈电流信号,利用PID控制宏自动调节,改变频率输出值来调节所控制的水泵电机转速,以保证管网压力恒定要求。

变频恒压供水系统同其他供水方式相比较,除了具有显著的节能效果外,还有以下显而易见的优势:

(1)恒压供水技术因采用变频器来改变电动机电源频率,达到调节水泵转速,改变水泵出口压力,所以比靠调节阀门的控制水泵出口压力的方式,具有降低管道阻力,大大减少截流损失的效能。

(2)由于变量泵工作在变频工况,在其出口流量小于额定流量,泵转速降低,减少了轴承的磨损和发热,延长了泵和电动机的机械使用寿命。

(3)水泵电动机采用软启动方式,按设定的加速时间加速,避免电动机启动时的电流冲击,对电网电压造成波动的影响,同时也避免了电动机突然加速造成泵系统的喘振,从而彻底消除水锤现象。

(4)实现恒压自动控制,不需要操作人员频繁操作,降低了人员的劳动强度,节省了人力。

二、变频调速恒压供水系统电路设计

1. 系统功能要求

(1)系统有两组泵,一用一备,手动切换。

(2)每组有两台泵,分为主泵和睡眠泵,工作方式有以下三种:主泵和睡眠泵同时运行;主泵单独运行;睡眠泵单独运行。

(3)主泵和睡眠泵的工作方式选择有自动和手动两种方式。

(4)各泵均有工频和变频两种运行方式。

(5)供水压力可调,要求具有变频故障报警功能和低水位保护功能。

2. 系统设计方案

(1)水泵工作方式的选择

主泵和睡眠泵的工作方式是根据用水量大小进行自动选择的,因此系统中必须设置流量检测环节,这样就增加了系统的成本。为此,本系统通过检测水泵的运行速度和水管

出口压力来间接获取当前用水量大小,其中水泵的运行速度由变频器本身即可检测,压力表则为系统必需。具体方法如下:

①在大多数情况下,靠一台主泵进行变频调速供水,足以满足供水压力要求,此时主泵速度不超过最高速度,同时供水压力达到设定值。

②在①基础上,当用水量变得很大时,主泵速度已经达到最高速度,而供水压力依然低于设定值,这时可让睡眠泵和主泵同时运行。其中睡眠泵运行于工频方式下满负荷运行,而主泵仍然运行于变频方式下通过调速保持恒压供水。

③在②基础上,当用水量变小时,主泵速度将会相应降低以维持压力恒定,当降低到指定频率(15Hz)以下,而供水压力仍然超过给定值时,则从工频电网切除睡眠泵,此时运行情况同①。

④在①或③基础上,当用水量变得很小时,在主泵运行频率低于指定频率的情况下,供水压力仍然超过给定值时,就要将主泵从变频切除,而将睡眠泵接至变频器上以合适的速度进行恒压供水。

(2)变频器的选择

变频恒压供水系统是个压力闭环系统,要实现这个系统,不仅需要压力检测环节、压力给定环节,还需要对压力偏差进行调节的控制器(比如PID控制器)。目前专门用于风机、泵类负载使用的变频器很多,其内部都具有PID调节功能。因此,该系统选用台达VFD-F型变频器,其为风机泵类专用型,内部具有PID控制器。

3.变频调速恒压供水系统电路

如图6.2.10所示为主电路及变频器外围电路。变频器外围电路各端子功能如下:

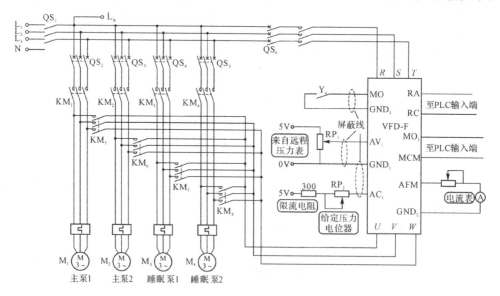

图6.2.10 主电路及变频器外围电路

M0为数字量输入端子,功能可以设定。该系统设定为启停控制端子,受PLC输出端子Y0控制。

AV_1为模拟量输入端子,在PID控制器有效的情况下,可设定为给定信号或者反馈信号端子。该系统中设定为反馈信号端子,接受来自远传压力表的信号,为电压信号。

AC_1为模拟量输入端子,在PID控制器有效的情况下,可设定为给定信号或者反馈信号端子。该系统设定为给定信号端子,接受来自给定电位器的信号,为4～20mA的电流信号。

RA为继电器输出端子,功能可以设定。该系统设定为小于指定频率到达指示功能,接至PLC的输入端子上。

MO_1为漏极开路输出端子,功能可以设定。该系统设定为PID偏差量超出范围指示功能,接至PLC的输出端子上。

AFM为模拟量输出端子,输出物理量类型可以设定。该系统设定为变频器运行电流指示功能,接至10V的电压表,置于操作面板上以供监视。

4.变频器参数设定

变频调速恒压供水系统变频器的参数设定如表6.2.3所示。

表6.2.3　变频调速恒压供水系统变频器参数设定

参数功能	参数号	设定值	参数意义
频率设定方法	P00	2	由外部端子AC_1输入模拟信号DC 4～20mA控制
运行命令操作方式	P01	2	由外部端子控制
数字量输出端子功能	P38	0	正转/停止控制
模拟量输出端子功能	P43	1	反映运行电流
漏极开路输出端子功能	P45	17	PID偏差量超出范围指示
继电器输出端子功能	P46	16	小于指定频率到达指示
指定到达频率值设定	P47	15Hz	
给定信号来源选择	P115	3	AC11
反馈信号选择	P116	1	负反馈,0～10V,AV_1
比例值增益设定	P117	1	
积分时间设定	P118	1	
控制输出频率限制	P122	50Hz	
偏差量阀值设定	P126	10	此参数决定P45的压力偏差阀值
偏差来检测时间设定	P127	250s	时间值大些可避免由于远传压力表指针抖动所引起的假超标现象
最大频率对应输入电压	P129	5V	此参数的大小影响反馈信号的灵敏度
最大频率对应输入的电流值	P132	20mA	此参数影响给定信号的灵敏度
最高操作频率	P03	50Hz	
最大电压频率	P04	50Hz	与参数P132共同决定输入电流和设定频率的对应关系
最高输出电压选择	P05	380V	

5.系统工作过程

(1)通过变频/工频选择开关确定水泵供水方式,相应的工作方式指示灯亮。正常时均应选择变频工作方式,只有在变频器出现故障的情况下,才选择工频方式,以保证持续供水。

(2)通过主泵/睡眠泵切换开关确定水泵工作方式,包括主泵单独运行、睡眠泵单独运行和两者根据用水量情况自动进行切换(包括两者同时工作的情况)。

(3)通过泵一和泵二选择开关确定当前要工作的泵组,同时相应指示灯亮。两组泵应该轮换工作,这要靠操作人员手动控制。

(4)通过控制面板上的电位器可以连续调节供水压力,压力给定值一般不需经常调节。

(5)上述准备做完之后,按下启动按钮,水泵将按预期的工作方式进行工作。若采用变频工作方式,供水压力将被稳定在设定值上,波动很小。

(6)当供水水箱水位低于所设定的低水位临界值时,水泵将会自动停止工作,同时报警。若水位恢复,则水泵会自动启停,按着先前的工作方式工作。

三、变频器的保护功能

交流电机驱动器本身有过电压、低电压及过电流等多项警示信息及保护功能,一旦异常故障发生,保护功能动作,交流电机驱动器停止输出,异常接点动作,电机自由运转停止。请依交流电机驱动器之异常显示内容对照其异常原因及处置方法。异常记录会储存在交流电机驱动器内部存储器(可记录最近 3 次异常信息),并可经"参数读取"由数字操作面板读出。

交流电机驱动器由 IC、电阻、电容、晶体管等电子零件及冷却扇、电驿等为数众多的零件组成。这些零件不能够永久不坏,不可以永久使用,即使在正常环境运用,若超过其耐用年数,也容易发生故障。因此,要实施预防性定期点检,把不符合规格要求或已有质量不良品发掘出来,及早摒除会造成交流电机驱动器不良的原因。同时也把逾期耐用年限的各部分品趁机换掉,以确保电机良好且可安心地运转。

日常就需要从外部目视检查交流电机驱动器的运转,确认没有异常状况发生。而台达变频器常见保护功能及处理:

(1)过流保护——OC 过流保护绝大多数发生在升速过程中。由于变频器的同步转速迅速上升,电动机转子的转速因负载惯性较大而跟不上去,导致转子绕组切割磁力线的速度太快(转差太大),结果是升速电流太大而产生过流保护跳闸。

检查与处理:

①检查变频器的输入、输出是否接反,如果接反,只要运行变频器就会立即跳 OC,而且极易烧损变频器。

②检查负载的计算是否有误,如果有误,可能是电机功率可能选得太小。

③检查电机是否有短路或局部短路。

④检查 3.7kw(含 3.7kw)以下 380V 级的变频器所配电机的接线是否有误(正确的接法应该是星形接法而不是三角形接法)。

⑤检查机械负载的转动惯量是否太大或者升速时间太短。如果是,可以延长加速时间或者降低加速中过电流失速防止的准位来调整解决。

⑥负载增大。新机时正常,以后出现过流。可以检查设备上的轴承是否损坏、齿轮间隙是否过小或齿轮间是否有微小异物、链条是否过松等从机械传动角度查找造成负载增大的原因。

(2)过载保护——OL过载保护大部分发生在运转过程中。在实际的拖动系数中,大部分负载都是经常变动的。只有当冲击电流峰值过大,或防止跳闸措施不能解决时,才迅速跳闸。

检查与处理:

①检查机械负载是否超重。正常运行时的电流已接近或超过电机或变频器的额定电流时,应考虑将电机的功率放大一档,同时相应放大变频器的功率。

②检查机械负载是否有故障,如负载变化很大。

③检查传动系统是否有磨损,可参照过流保护检查与处理的 f 项目进行分析与检查。

④检查电机是否匹配不当,如 3.7kw 变频器在满载时拖动 4kw 电机。

⑤检查电机是否因散热条件变差而导致电流增大。

⑥检查变频器至电机的输出线是否漏电。

⑦检查变频器在满载时电源电压是否波动过大。

⑧检查输入、输出是否缺相,从而引起电机出力不足而转差增大、电流增大。

以上问题应对症排除,也可降低运转中过流失速准位来调整。

(3)过压保护——OU过压保护大部分发生在停止制动过程中。原因是反馈能量来不及释放而形成再生电压。

检查与处理:

①载惯量大而降速时间短。如果此时确实降速时间短,可外配制动电阻或制动单元,还可以增加直流制动来配合。

②启动、制动频繁时,应加大制动电阻的功率或放大变频器一级功率容量。

③在制动过程中或负载变动过程中输入电压过高,超出变频器耐压极限。

(4)启动不起来的主要原因是负载重。

检查与处理:

①检查机械负载是否正常(有没有堵转)。

②检查电动机与负载功率是否匹配。

③检查变频器与电机功率是否匹配。

④检查调整变频器的 v/f 曲线,使中点与低点的斜率大于高点与中点的斜率,即中点与低点的连线陡峭。

⑤检查调整变频器转矩补偿。

⑥检查增加机械传动比,放大电机输出功率。

⑦检查更换极数更多的电机。

上述的关键是变频器并没有损坏,而是需要排除外部故障,然后调整匹配,再调整参数来解决。

要引起注意的是,无论出现什么故障报警,应排除产生故障的原因后再开车,如一定要开车检查,应在两次开车之间留有 10 分钟左右的时间,以使变频器的电容有充分的时间散热。防止频繁开车频繁报警,如果没有排除故障而频繁开车将会造成变频器的严重损坏——炸机。

模块七

YD_NET 通信管理机实验

1. 学会使用通信管理机进行通信。
2. 掌握通信管理机的结构特点。
3. 学会串口服务器中设置 IP 地址、工作模式等参数。

技能训练 1 YD_NET 通信管理机网络通信

一、实训目的

(1)了解 YD_NET 通信管理机的特点。

(2)掌握 YD_NET 通信管理机通信的过程。

二、实训仪器与材料

电气实训柜 1 台,通信管理机 YD_NET1004 1 台,电脑 1 台,插拔线若干。

三、项目实训内容与步骤

1. YD_NET 通信管理机接线

(1)连接网络。连接网线的一端连接到通信管理机带有 Ethernet 字样的网口,另一端连接到电脑的网口。

(2)连接设备。用导线将通信管理机的串口与电气实训柜电量测量单元 U_1 智能电力监测上的 RS485A、RS485B 连接起来,RS485A 对应 1 脚,RS485B 对应 2 脚。

(3)连接电源。将通信管理机附带的电源适配器一端插在 220V 交流电源插座上,另一端插接在通信服务器的电源接口上;合上电气实训柜电源输出部分的 4P 开关;合上电气实训柜电量测量单元 U_1 智能电力监测的 1P 开关。

2. 参数设置

(1) 查找通信管理机。在 Windows 系统上直接运行附带文件里面搜索程序(程序名称:upgrade.exe),鼠标点击该程序的工具栏中的"放大镜"图标,如果连接正常,可搜索到设备,如图 7.1.1 所示。

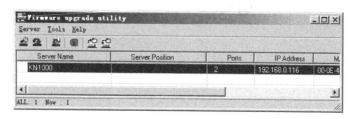

图 7.1.1　串口服务器查找画面

(2) 使设备的 IP 地址与电脑的 IP 地址处于同一网段。通过[upgrade.exe]临时修改它的 IP 地址,使它的 IP 地址与电脑的 IP 地址处于同一网段。如图 7.1.2 所示。

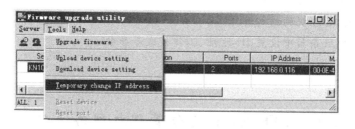

图 7.1.2　设置 IP 地址

(3) 进入通信管理机的设置界面。在 Windows 上通过 telnet 设备的 IP 地址进入其设置,点击任务栏"开始"→"运行",如图 7.1.3 所示。

图 7.1.3　进入通信管理机设置

看到以下画面(见图 7.1.4),即进入设备设置的主菜单。

(4) 设置 IP 地址、工作模式等参数。

(5) 设置电气实训柜电量测量单元 U_1 智能电力监测的 YD-STD2202 的地址和波特率。地址为 1,比特率为 9600。

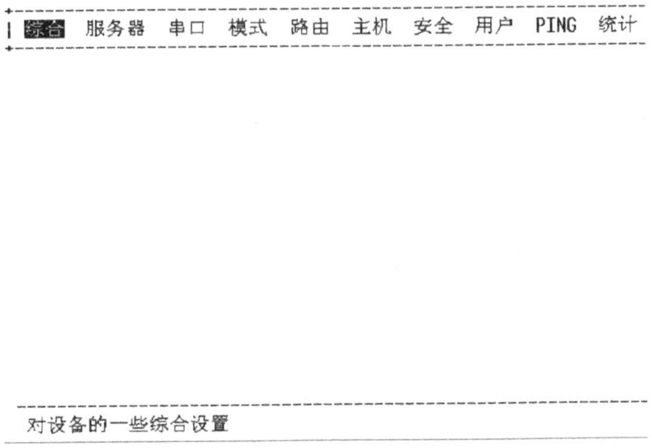

| 综合 | 服务器 | 串口 | 模式 | 路由 | 主机 | 安全 | 用户 | PING | 统计 |

对设备的一些综合设置

图 7.1.4　设备主菜单

3. 网络通信

(1)打开电脑上的 YD-STD2202 的通信测试软件(见图 7.1.5)。

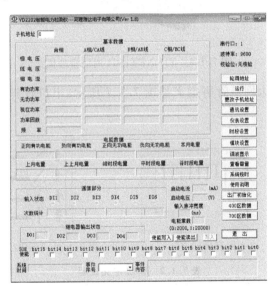

图 7.1.5　YD-STD2202 通信软件

(2)观察电气实训柜 U_1 智能电力监测部分表面显示的电压、电流、频率,必要时按表面下方按键 I 和 U_F 以轮显,对比电脑上 YD-STD2202 通信测试软件所显示的数据是否一致。

4.实验数据记录(内容自定,见表 7.1.1)

表 7.1.1　实验数据记录

四、分析与思考

(1)对比电脑通信软件显示与 U_1 智能电力监测部分的显示。

(2)要使通信管理机和 PC 电脑主机的 IP 地址一致,除了改变通信管理机的 IP 外,还有什么其他的办法?

 知识链接   **YD_NET 通信管理机**

雅达 YD_NET1004 系列 4 串口桌面式系列 IO-Server 是具有 1 个 10/100M 以太网口和 4 个异步串口,可安放在桌面的通信服务器,如图 7.1.6 所示。

图 7.1.6   YD_NET1004 通信管理机

YD_NET1004 以太网口管脚定义如图 7.1.7 所示,串口管脚定义如图 7.1.8 和表 7.1.2 所示。

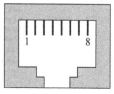

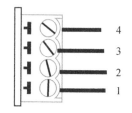

Pin	Signal
1	Tx+
2	Tx−
3	Rx+
6	Rx−

图 7.1.7   以太网管脚定义   图 7.1.8   RS422/485 管脚定义

表 7.1.2 管脚定义说明

4 pin	RS485 Half	RS485 FULL	RS422
1	DATA+	TXD+	TXD+
2	DATA−	TXD−	TXD−
3		RXD+	RXD+
4		RXD−	RXD−

技能训练2　上位机通过 RS485 控制 YD2310F

一、实训目的

(1)掌握如何通过 RS485 监控和控制电机保护器 YD2310F。
(2)实现电机保护的远程—本地控制。

二、实训器材

电气实训柜、插拔线若干、RS485 通信接口、上位机(PC)、上位机软件 2310FDV1.2

三、实训内容与步骤(实验位置:电机保护与变频器单元 U_2 部分)

(1)按照(电机的智能保护原理与 YD2310F 的应用)实验步骤接线。
(2)RS485 的 A、B 两端接到 25/RS485A、26/RS485B。
(3)2310F 参数设置。通过显示器设置通信参数如下:
①通信地址(系统参数设置→本地地址→1)
②波特率(系统参数设置→波特率→9600)
③校验位(系统参数设置→校验位→无校验)
通过上位机设置控制参数(打开上位机软件 2310FDV1.2,选择对应 com 口,地址→1,波特率→9600,点击"确定"让上位机与 2310FD 通信上,然后点击"定值配置"进入参数设置界面):
①模式→双向起动。
②DI_5、DI_6、DI_7 选择→DI_5 复位 DI_6、DI_7 起停。
③控制权选择→DI_4 不通为 DI 控制,DI_4 通为通信控制。
最后点击"全部设置"将参数写进保护器 2310FD。

四、实验过程

(1)合上断路器(DI_4 状态为断开),按下正转按钮,观察电机的运行情况,运转方向,运行电压、电流、功率和功率因数;按下停车按钮,电机停止工作;电机停车后按下反转按钮,观察电机的运行情况,运转方向,运行电压、电流、功率和功率因数,记录数据(通过显示器)。

(2)(DI_4 状态为通)点击上位机"起动 A"按钮,观察电机的运行情况,运转方向,运行电压、电流、功率和功率因数;点击上位机"停车"按钮,电机停止工作;电机停车后点击上位机"起动 B"按钮,观察电机的运行情况,运转方向,运行电压、电流、功率和功率因数,记录数据(通过上位机软件读取数据)。

五、分析与思考

(1)怎样通过 RS485 实现对保护器的 YD2310FD 的组网监控?
(2)通过 YD2310F 开关量输入 DI_4 的通断选择实现了电机的本地—远程控制,这样做的优势体现在哪里?

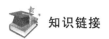 **知识链接**　　　　　　　　　　**上位机的安装及设置**

一、硬件安装步骤

(1)安装产品:将设备以桌面式安装

(2)连接电源之前:

①将电源及设备的线路分开。电源的线路及设备的线路可能交叉重叠,确认线路在交叉点上是垂直的。

②备注:不要将通信的线路与电源的线路绑在一起。为了避免信号互相干扰,不同特性的电子信号应该分开。

③如果必要的话,建议您贴上线路卷标于所有的设备上。

(3)连接电源:

①如果您采用产品附带的电源适配器,请将其一端插在 220V 交流电源插座上,带有绿色端子的一端插接在通信服务器的电源接口上。

②如果您采用自己的电源,则将电源正极连接在标有"V±"的端子上,负极连接在标有"GND"的端子上。

(4)连接网络:连接网线的一端到通信服务器的网口,另一端连接到以太网络。

(5)连接设备:用串口电缆将串口服务器的串口与串口设备的串口连接起来。

二、进入串口服务器的设置界面

(1)查找串口服务器。在 Windows 系统上直接运行光盘中的搜索程序(程序名称:upgrade.exe,),鼠标点击该程序的工具栏中的"放大镜"图标,如果连接正常,可搜索到设备,如图 7.1.9 所示。

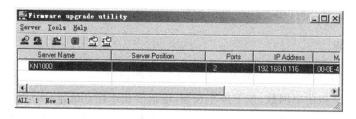

图 7.1.9　串口服务器查找画面

(2)使设备的 IP 地址与 PC 的 IP 地址处于同一网段。通常设备的 IP 地址和 Windows 系统不在同一网段,可以通过[upgrade.exe]临时修改它的 IP 地址,使它的 IP 地址与操作系统的 IP 地址处于同一网段,如图 7.1.10 所示。

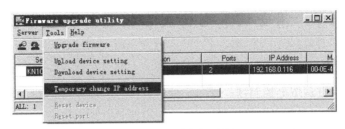

图 7.1.10　更改 IP 地址

（3）进入通信服务器的设置。可以在 Windows 上通过 telnet、设备的 IP 地址进入其设置，点击任务栏"开始"→"运行"，如图 7.1.11 和图 7.1.12 所示。

图 7.1.11　"开始"栏

图 7.1.12　"运行"栏

如果运行成功，将看到下面画面，即进入设备设置的主菜单，如图 7.1.13 所示。

图 7.1.13　设备主菜单

（4）设置 IP 地址、工作模式等参数。

技能训练 3　用空调节电控制器控制三相电开合

一、实训目的

(1)学会使用空调节电控制器。

(2)了解 ZigBee 在现实中的运用。

(3)掌握空调节电控制器的工作原理。

二、实训器材

电气实训柜 1 台,一组黄、绿、红、黑插拔线若干,计算机 1 台,ZigBee Module(型号:DRF2618A)1 个及配套数据数 1 条。

三、实训内容与步骤

(1)找到电气实训柜的电量测量单元中 U_2 物联网模块。

(2)将黄、绿、红、黑插拔线的一端插入 U_1^*、U_2^*、U_3^*,U_{n1},另一端插入电源板 1(下方标有电压表)对应的 U_a、U_b、U_c、U_n。

(3)合上电压表、频率表侧的断路器(QF、QF_1、QF_2、QF_3)及空调节电控制器侧的断路器。

(4)打开计算机,用配套的数据线把 DRF2618A 与计算机的 USB 接口相连,然后在计算机找到空调节电控制器软件并打开,步骤如下:

①双击　后,弹出如图 7.1.14 所示。

图 7.1.14　添加子机

填入地点,把空调节电控制器的无线模块地址(请查看产品说明书)填入或直接点取消进入图 7.1.15 所示界面。

根据产品说明书对串口设置,设置好后打开串口。

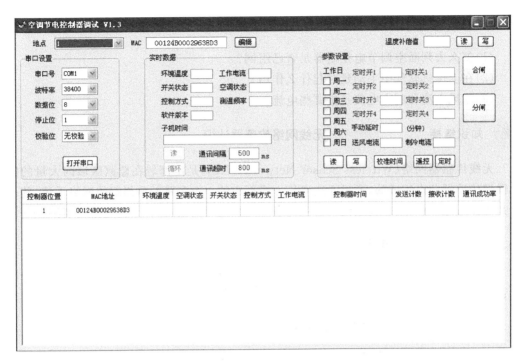

图 7.1.15　空调节电控制器调试

②点击实时数据下的 读 ,把实数数据 1 填入表 7.1.3。

表 7.1.3　实验数据记录(内容自定)

	环境温度	工作电流	开关状态	控制方式
实时数据 1				
	定时开		定时关	
指示灯状态				
	合闸		分闸	
指示灯状态				

③通过参数设置,在对应工作日打√,设置一组定时开和定时关,两者的间隔请设置小于 3 分钟。

④定时开和定时关时间到达后请观察 U_2 物联网模块中的指示灯,并记录它的状态。

⑤点合闸按钮,观察指示灯状态并记录,再点合闸按钮观察指示灯状态并记录下来。

⑥通过把左右一组的空调节电控制器添加进来。

⑦点击实时数据中的循环按钮,观察下方一栏有什么变化。

(5)实验结束后,请把合上的断路器断开,拆下插拔线并收好放回原处。

(6)关掉打开的软件,并关掉计算机。

四、分析与思考

(1)怎么去判断空调节电控制器是否已组网？

(2)在上位机软件中手动延时起什么作用？

(3)送风电流和制冷电流是指哪些电流？

 知识链接   **无线网络传感器认识**

无线传感器网络(Wireless Sensor Network,WSN)是由部署在监测区域内大量的廉价微型传感器节点组成的,通过无线通信方式形成的一个多跳的自组织的网络系统,其目的是协作地感知、采集和处理网络覆盖区域中感知对象的信息,并发送给观察者。

一、无线传感器网络的特点

无线传感器网络的特点有:①大规模网络;②自组织网络;③动态性网络;④可靠的网络;⑤应用相关的网络;⑥以数据为中心的网络。

二、无线传感器网络的组成结构

无线传感器网络系统通常包括传感器节点、汇聚节点和管理节点。大量传感器节点随机部署在监测区域内部或附近,能够通过自组织方式构成网络。传感器节点监测的数据沿着其他传感器节点逐级地进行传输,在传输过程中监测数据可能被多个节点处理,经过多跳后路由到汇聚节点,最后通过互联网或卫星到达管理节点。

用户通过管理节点对传感器网络进行配置,发布监测任务及收集监测数据(见图7.1.16)。

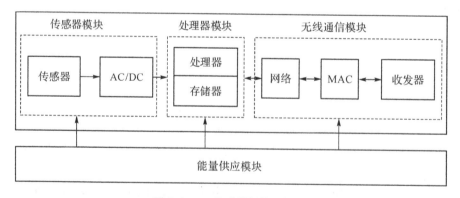

图 7.1.16　传感器网络系统图

传感器模块负责监测区域内信息的采集和数据转换;处理器模块负责控制整个传感器节点的操作,存储和处理本身采集的数据以及其他节点发来的数据;无线通信模块负责与其他传感器节点进行无线通信,交换控制消息和收发采集数据;能量供应模块为传感器节点提供运行所需的能量,通常采用微型电池。

三、无线传感器网络的协议体系(见图 7. 1. 17)

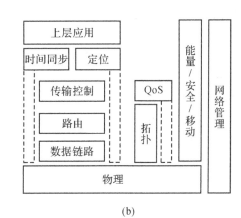

(a)　　　　　　　　　　　　　　　(b)

图 7. 1. 17　无线传感器网络的协议体系

可能造成网络能量浪费的主要原因如下:

(1)如果 MAC 协议采用竞争方式使用共享无线信道,可能会引起多个节点之间发送的数据产生碰撞,导致重传消耗节点更多的能量。

(2)节点接收并处理不必要的数据。

(3)节点在不需要发送数据时一直保持对无线信道的空闲侦听,以便接收可能传输给自己的数据。过度的空闲侦听或者没必要的空闲侦听同样会造成节点能量的浪费。

(4)在控制节点之间的信道分配时,如果控制消息过多,也会消耗较多的网络能量。

四、无线传感器网络的拓扑控制

无线传感器网络的拓扑结构的特点:

(1)影响整个网络的生存时间。

(2)减小节点间通信干扰,提高网络通信效率。

(3)为路由协议提供基础。

(4)影响数据融合。

(5)弥补节点失效的影响。

五、无线传感器网络的时间同步机制

时间同步是需要协同工作的无线传感器网络系统的一个关键机制。

NTP 协议是 Internet 上广泛使用的网络时间协议,但只适用于结构相对稳定、链路很少失败的有线网络系统。

GPS 系统能够以纳秒级精度与世界标准时间 UTC 保持同步,但需要配置固定的高成本接收机,然而在室内、森林或水下等有掩体的环境中无法使用 GPS 系统。

NTP、GPS 都不适合应用于无线传感器网络中。

六、三个基本的同步机制

RBS 机制：是基于接收者—接收者的时钟同步。一个节点广播时钟参考分组，广播域内的两个节点分别采用本地时钟记录参考分组的到达时间，通过交换记录时间来实现它们之间的时钟同步。

TINY/MINI-SYNC：是简单的轻量级的同步机制。假设节点的时钟漂移遵循线性变化，那么两个节点之间的时间偏移也是线性的，可通过交换时标分组来估计两个节点间的最优匹配偏移量。

TPSN：采用层次结构实现整个网络节点的时间同步。所有节点按照层次结构进行逻辑分级，通过基于发送者—接收者的节点对方式，每个节点能够与上一级的某个节点进行同步，从而实现所有节点都与根节点的时间同步。

模块八
电力监控系统

任务　电力监控系统远程测控

能力目标

1. 能正确设置电力监控软件的参数。

2. 能使用电力监控系统进行远程测控。

知识目标

1. 掌握 YD-SCADA 电力监控系统的结构。

2. 了解电力系统通信规约。

技能训练　YD-SCADA 电力监控系统远程测控

一、实训目的

(1) 了解电力监控的系统组成。

(2) 掌握 YD-SCADA 电力监控系统远程测控方法。

二、实训仪器与材料

演示柜 1 套,电脑 1 台,电力监控系统 YD-SCADA 1 套。

三、项目实训内容与步骤

(1)演示柜上电。将作为现场测控层的演示柜的仪表上电。

(2)打开电脑上的电力监控系统软件。双击打开 Server 程序 ecr.exe,双击打开 Hmi 程序 EcView.exe,如图 8.1.1 所示。

图 8.1.1　Hmi 程序界面

(3)遥测与遥控。如图 8.1.2 和图 8.1.3 所示,遥控分闸合闸,遥控电机正反转,并对比遥测的各种电气量是否正确。

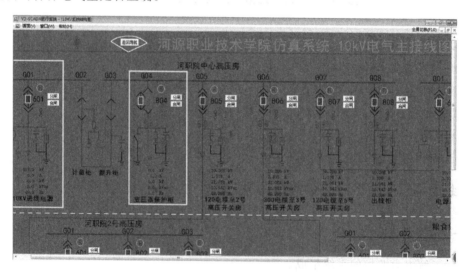

图 8.1.2　遥控分合闸

四、分析与思考

(1)通信管理机在电力监控系统中起什么作用?

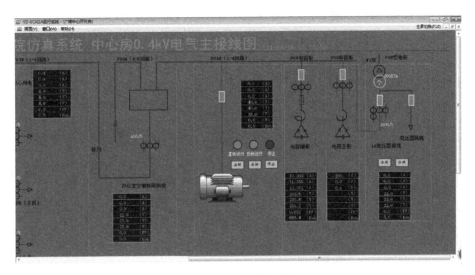

图 8.1.3 遥测遥信遥控

(2)RS485 与 Modbus 分别指的是什么？

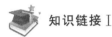
知识链接Ⅰ　　　　　　YD-SCADA 电力监控系统

一、电力监控系统

电力监控仪表是针对电力系统、工矿企业、公用设施、智能大厦的电力监控需求而设计的电压、电流、功率、功率因数和电能等仪表，如上面提到的 YD2200 智能电力测控仪。智能电力测控仪常在电力监控系统中作为现场测控层的设备。

电力监控系统以计算机、通信设备、测控单元为基本工具，为变配电系统的实时数据采集、开关状态检测及远程控制提供了基础平台，它可以和检测、控制设备构成任意复杂的监控系统，在变配电监控中发挥了核心作用，可以帮助企业消除孤岛、降低运作成本、提高生产效率、加快变配电过程中异常的反应速度。

以 YD-SCADA 电力监控系统为例。这是一套对电力供应和用电网络与设备进行监测和控制的系统，该系统基于先进的网络技术，集保护、测量、控制、信号采集、谐波分析、用电管理、电能质量分析、负荷控制和运行管理为一体，是一套提高电力系统安全性、可靠性和管理水平的智能化系统，可帮助用电单位实现节能减排的目标，适用于各种电压等级的电力系统、工厂企业、基础设施、商业楼宇、智能小区等需实现电力自动化的领域。系统的功能如表 8.1.1 所示。

表 8.1.1　YD-SCADA 电力监控系统功能

功　能	特　点
电力系统运行监视和控制	在监控电脑上,以组态方式直观地显示整个电力监控系统的运行状况,实时动态显示各接线图上的运行参数和设备运行状况,提供遥控功能。组态画面可根据客户情况和实际需要进行定制、配置。
电能质量监视和分析	可实时监测系统谐波含量、功率因数等电能质量问题,以便进行电能质量分析和故障分析。
高精度电能计量	使用高精度的多功能电力测量仪表,精确测量系统负荷,可有效促进节能减排目标的完成。
电能消耗统计和分析	可按照不同费率、不同支路、不同时段进行电能消耗物统计和分析,能够匹配电力公司账单结构进行峰谷平统计与记录,并可以进行显示、打印和查询。
报警和事件管理	用户可定制在电能质量事件发生、测量值越限、设备状态变化时发出报警。系统报警时能够自动弹出报警画面或触发必要的操作,同时可将报警信息通过 E-mail、手机短信等方式通知相关人员。
历史数据管理	系统基于 MYSQL 数据库或 SQL-SERVER 数据库完成历史数据的存储和管理,所有实时采样数据、顺序时间记录等均可保存到历史数据库。通过查询功能可以自定需要查询的参数、时间段、设备信息等,显示并绘制出曲线图、柱状图、饼图等。
报表管理	可使用系统报表模板、自定义报表的方式生成报表。报表可以手动生成,也可自动定时生成、自动定时发送。报表可导出为 SML、EXCEL 等格式。报表可以通过 E-mail 或 HTML 格式自动发送或自动打印。
用户管理	可以定义不同权限级别的用户,分别赋予不同的操作权限,为系统运行维护提供安全保障。
数据 WEB 发布	客户端可通过浏览器以 B/S 模式访问本系统监控画面。

　　YD-SCADA 电力监控系统采用分层、分布式结构设计,按间隔单元划分、模块化设计,整个系统分为三层:系统管理层、网络通信层和现场监控层,如图 8.1.4 和表 8.1.2 所示。

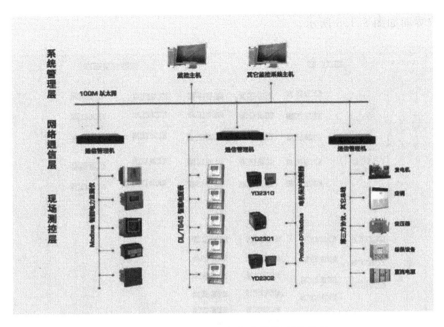

图 8.1.4　YD-SCADA 电力监控系统结构

表 8.1.2　YD-SCADA 电力监控系统结构

系统结构	描　述
系统管理层	由电力监控软件、监控主机、打印机、UPS 电源等组成。监控主机采用高性能的计算机,安装电力监控软件以实现电力系统的监控和管理功能,所用操作系统为基于多进程、多任务的 Microsoft Windows 2000/NT/XP/7 中文操作系统。 第三方智能系统(如 DCS、MIS、ERP 等)可通过 TCP/IP 协议访问本系统,接口方式包括 OPC、PDBC、Socket、HTTP、Web Service 或自定义接口等。
网络管理层	网络通信层是现场测控层设备与系统管理层设备实现数据交换的通信设备和通信线路的总称,包括以太网交换机、光纤收发器、光交换机、DTU、路由器以及连网络所用的光缆和双绞线等。 根据每个客户的监控中心数量、站点数量、站点分布情况、线缆资源情况不同,需要经过技术交流、现场勘测以后有针对性地设计相应的网络结构、组网方式,并配置相应的通信和组网设备。 对于单个站点的系统,推荐采用现场总线和以太网的组网方式。对于多个站点的系统,推荐采用光纤通信网络与现场总线、以太网相结合的组网方式,其中站站之间采用光纤星形网络,站内采用现场总线和以太网。
现场测控层	现场测控层是指现场安装的智能仪表和装置,用以完成测量、监视、通信等功能。现场测控层设备包括:YD2000 系列、YD8000 系列、YD9000 系列智能电力检测仪;YM 系列多回路监控单元;DTSD3366、DTS3366、DSSD3366 等系列有功电能表;JKWG-18FC 智能无功补偿控制器;YT 系列通信理机;其他第三方设备。 所有的现场测控层设备均可独立工作,根据一次设备的安装分布就近安装,以完成保护、控制、监测和通信等功能,可实时显示设备工作状态、运行参数、故障信息等。现场测控层设备与开关柜融为一体,构成智能化开关柜,经 RS485 通信接口接入现场总线。 除上述设备之外,系统还具备与中央空调、模拟屏、直流屏系统、柴油发电机和变压器温控仪等第三方设备通信的接口。

用户界面如图 8.1.5 所示。

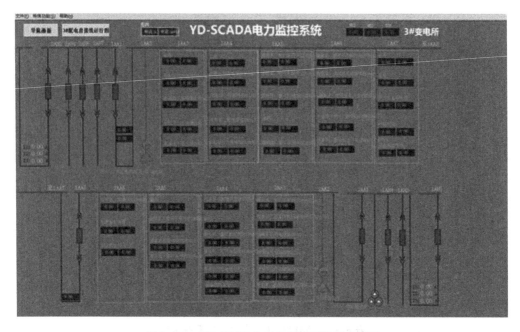

图 8.1.5　YD-SCADA 电力监控系统用户界面

二、远动系统

电力系统远动,就是应用远程通信技术,对远方的运行设备进行监视和控制,以实现远程测量、远程控制和远程调节等各项功能。

常说的"四遥"功能由远动系统终端 RTU(如 YD2202)实现,它包括:

(1)遥测(遥测信息):远程测量。采集并传送运行参数,包括各种电气量(线路上的电压、电流、功率等量值)和负荷潮流等。

(2)遥信(遥信信息):远程信号。采集并传送各种保护和开关量信息。

(3)遥控(遥控信息):远程控制。接受并执行遥控命令,主要是分合闸,对远程的一些开关控制设备进行远程控制。

(4)遥调(遥调信息):远程调节。接受并执行遥调命令,对远程的控制量设备进行远程调试,如调节发电机输出功率。

1.遥信量的采集和处理

电力系统中的厂站端的参数、状态,调度所的操作、调整等命令都是"信息"。远动装置远距离传送这种信息,目的就是为了实现遥测、遥信、遥控、遥调等功能。

被监控的厂站端要将遥测、遥信量送到调度所去显示或记录。遥测量经过变送器后,通常变成 5V 直流模拟电压,输入模数转换器。模数转换器将输入的模拟电压转换成数字量,再送给遥测、遥信编码器,编码器将输入的并行数码变成在时间上依次顺序排列的串行数字信号,而遥信是开关量,可以直接输入编码器。

对遥信信息,发送端把多个遥信对象编成一组,每个对象的状态用一位二进制数,即一位码元表示。为此,需要对遥信对象的状态进行采集编码,方能形成遥信码字。接收端将收到的遥信信息通过灯光或其他方式进行显示,使调度人员能直接观察到遥信对象的状态,从而实现远方监视。

在远动系统中传送的信号,在传输过程中会受到各种干扰,可能使信号发生差错,为了提高传输的可靠性,对遥测、遥信的数字信息要进行抗干扰编码,以减小由于干扰而引起的差错。由于数字信号一般不适宜直接传输,所以要用调制器把数字信号变成适合于传输的信号。例如,把数字信号变成正弦信号传输,这样厂站端就把调制后的遥测、遥信信号发送出去,送到调度端。接收端首先用调解器把正弦信号还原成原来的数字信号,再由抗干扰译码器进行检错,检查信号在信道上传输时因干扰的影响发生错码。检查出错就放弃不用,检查正确的经规约转换成后台数据显示。

对于遥控、遥调,调度是发送端,厂站是接收端。遥控、遥调命令的传送原理和上述相同,遥控、遥调命令经命令编码器编成串行的数码,送到抗干扰编码器、调制器后发送出去。接收经调解器和抗干扰译码后,送给命令寄存器,以输出执行。

遥信信息是二元状态量,即对于每一个遥信对象而言它有两种状态,两种状态为"非"的关系。因此,一个遥信对象正好可以对应计算机中二进制码的一位,即"0"状态与"1"状态。

在电力系统中,遥信信息用来传送断路器、隔离开关的位置状态,继电保护、自动装置的动作状态,告警信号的有无,以及系统、设备等运行状态信号。如厂站端事故总信号,发电机组开、停状态信号以及远动终端自身的工作状态等。这些位置状态、动作状态和运行状态都只取两种状态值。如开关位置只取"合"或"分",设备状态只取"运行"或"停止"。因此,可用一位二进制数即码字中的一个码元就可以传送一个遥信对象的状态。按国际电工委员会 IEC 标准,以"0"表示断开状态,以"1"表示闭合状态。

(1)断路器状态信息的采集。断路器的合闸、分闸位置状态决定着电力线路的接通和断开,断路器状态是电网调度自动化的重要遥信信息,断路器的位置信号通过其辅助触点引出,断路器触点是在断路器的操动机构中与断路器的传动轴联动的,所以,断路器触点位置与断路器位置一一对应。

(2)继电保护动作状态的采集。采集继电保护动作的状态信息,就是采集继电器的触点状态信息,并记录动作时间,这对调度员处理故障及事后的事故分析有很重要的意义。

(3)事故总信号的采集。发电厂或变电站任一断路器发生事故跳闸,就将启动事故总信号。事故总信号用以区别正常操作与事故跳闸,对调度员监视系统运行十分重要。事故总信号的采集同样是触点位置的采集。

(4)其他信号的采集。当变电站采用无人值班方式运行后,还要增加大门开关状态等遥信信息。

2.遥测量的采集和处理

在对电力系统运行状态进行监测过程中,除了要获取前面介绍的遥信信息外,还有一类重要的信息——遥测信息。调度中心必须要随时掌握全网的运行情况,以便形成控制电网正常运行的命令。在反映全网运行状态的信息中,遥测量信息是其中的非常重要的部分。遥测信息是表征系统运行状况的连续变化量。遥测量可分为模拟量、数字量和脉冲量三类。

模拟遥测量是指发电厂、变电站的发电机组、调相机组、变压器、母线、输电与配电线路的有功功率、无功功率、潮流和负荷,母线的电压和频率,大容量发电机组的功率角等。数字量是指某些模拟量已经由另外的设备转换成数字量的被测量。如经微机处理的输入量、水库水位经数字式仪表测得的水位数字量等。脉冲量包括总发电量和厂用电量。联络线交换电能量等于电能脉冲,用于累计电度。

厂站端必须将测量到的遥测量及时编码成遥测信息,并按规约向调度中心传送。

3.远动装置的遥控和遥调

远动系统除了要完成对电力系统运行状况的监测外,还要对电力运行设备设施控制,确保系统安全、可靠、经济地运行。如为保证系统频率的质量而实施的自动发电控制(AGC)、为保证各母线电压运行水平的电压无功控制(VQC)、为保证系统运行经济性的经济调度控制(EDC)等。根据受控设备的不同,远程控制可分为遥控和遥调。遥控,就是远距离控制,是应用远程通信技术完成改变运行设备状态的命令,如对断路器的控制。遥调,就是远距离调节,是应用远程通信技术,完成对具有两个以上状态的运行设备的控制,如机组的出力调节、励磁电流的调节、有载调压变压器分接头的位置调节等。

(1)遥控

遥控是由调度端发布命令,直接干预电网的运行,要求厂站端合上或断开某号开关。所以遥控要求有很高的可靠性。遥控命令中应指定操作性质(合闸或调闸)和开关号。

遥控是一项十分重要的操作,为了保证可靠,通常都采用返送校核法。"返送校核"是指厂站端RTU接收到调度中心的命令后,为了保证接收到的命令能正确地执行,对命令进行校核,并返送给调度中心的过程。返送校核将遥控操作分两步完成。首先由调度端向厂站端发送由遥控性等组成的质和遥控对象等组成的遥控命令,为了可靠起见遥控命令连发3遍。厂站端收到遥控命令后要返送给调度端进行校核。返送校核有两种方式:一种是将接收到的遥控命令存储后照原样直接返送给调度端;另一种是将遥控命令送给有关的遥控性质和遥控对象继电器,将这些继电器的动作情况编成相应的代码后再返送给调度端,显然后一种方式比前一种方式更深入可靠。调度端收到返送的遥控信息,经校对与原来所发的遥控命令完全一致才发遥控命令付诸执行。

厂站远动装置向调度中心返送的校核信息,用以指明远动装置所收到命令与主站原发的命令是否相符以及远动装置能否执行遥控选择命令的操作。为此,厂站端校核包括两个方面:①校核遥控选择命令的正确性,即检查性质码是否正确,检查遥控对象号是否属于本厂站;②检查远动装置遥控输出对象继电器和性质继电器是否能正确动作。

因此,可将遥控过程小结如下:

调度中心向厂站端远动装置发遥控选择命令。

远动装置接收到选择命令后,启动选择定时器,检查校核性质码和对象码的正确性,并使相应的性质继电器盒对象继电器动作,使遥控执行回路处于准备就绪状态。

远动装置适当延时后读取遥控对象继电器和性质继电器的动作状态,形成返校信息。

远动装置将返送校核信息发往调度中心。

调度中心显示返校信息,与原发遥控选择命令核对。若调度员认为正确,则发送遥控执行命令到远动装置;反之,发出遥控撤销命令。

远动装置接收到遥控执行命令后,驱使遥控执行继电器动作。若远动装置接收到遥控撤销命令,则清除选择命令,使对象和性质继电器复位。

远动装置若超时未收到遥控执行命令或遥控撤销命令,则作自动撤销,并清除选择命令。

遥控过程中遭有遥信变位,则自动撤销遥控命令。

当远动装置执行遥控执行命令时,启动遥控执行定时器,当定时时间到,则复位全部继电器。

远动装置在执行完成遥控执行命令后,向调度中心补送一次遥信信息。

(2)遥调

遥调通常是指调度端给厂站端的设备发布调节命令。在发电厂中,注意机组都装有自动调节装置,改变调节装置的整定值,就能改变机组输出功率。所以,遥调命令将下达调节系统整定值信息。这种遥调也称整定命令。遥调命令与遥控命令相类似,其下行命令应说明整定值的大小,以及调节对象,以便厂站 RTU 对指定装置下达调节命令值。整定命令一般连发 3 遍。厂站端收到整定命令经校验合格后将调节数值部分锁存,再经数/模转换器转换成模拟量的电压或电流,送给整定命令中指定的遥调对象。整定命令的执行后果由对应的遥测量给调度端反映。

调节有载调压变压器的分接头以改变变压器的变化是常用的一种调压手段。远程调节有载变压器分接头的位置也是遥调,这种遥调通常只是要求把分接头位置升高一档或降低一档,因而也称为“升降命令”。在升降命令中应指定调节对象和调节性质(升或降)。升降命令一般连发 3 遍。厂站端收到升降命令经检验合格后就去调节有关变压器的分接头。一般认为,对遥调可靠性的要求不如遥控那样高,因而遥调大多不进行返送校核。

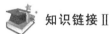 **知识链接 Ⅱ** 　　　　　　　　　　**电力系统通信规约**

一、电力系统数据通信协议体系

国际电工委员会(IEC)成立于 1906 年,是世界上成立最早的国际性电工标准化机构,负责有关电气工程和电子工程领域中的国际标准化工作。IEC 制定了一系列电力系统通信规约,包括 IEC60870-5 系列:远动通信协议体系;IEC60870-6 系列:计算机数据通信协议体系;IEC61850-7 系列:变电站数据通信协议体系。其中,IEC60870-5 系列中的配套标准 IEC60870-5-101:基本远动任务,IEC60870-5-102:电能累计量,IEC60870-5-103:继电保护信号,IEC60870-5-104:IEC60870-5-101 的网络访问即常说的 101、102、103、104规约。

IEC60870-5-101 用于常规远动,厂站与调度主站之间通信,通信方式为串行,多采用非平衡传输,(1997 版和 2002 版)101 规约对应 OSI 模型中物理层、链路层、应用层 3 层。IEC60870-5-102 用于电能计量信息的接入,电量主站与站内抄表终端的通信。IEC60870-5-103 用于继电保护信号的接入,与站内继电保护设备间的通信,通信方式为串行。IEC60870-5-104 将 101 规约用于 TCP/IP 网络协议之上,厂站与调度主站之间通信,通信方式为以太网即光纤,多采用平衡传输,104 规约对应 OSI 模型中物理层、链路层、网络层、传输层、应用层 5 层。什么是平衡传输与非平衡传输呢?平衡传输模式是指双方(启动方和从动方)都可以发起通信过程;非平衡传输模式是指一方(启动方)发起通信,另一方(从动方)响应。

(1)规约的定义。在远动系统中,为了正确的传送信息,必须有一套关于信息传输顺序、信息格式和信息内容等的约定,这一套约定称为规约。

(2)通信规约的用途。在远动装置中,调度端和厂站之间将有大量的 YC、YX、YK、YT 信息在传送,为了保证信息传送过程中分清轻重缓急并区别所传送信息的类别,必须事先约定好数据传送的格式,这种数据传送的格式便是通信规约。

(3)通信规约的分类。目前常用的远动通信规约有两类:循环传送(CDT)方式与问答方式。按用途分为远动规约、保护规约、电度表规约、智能设备互连规约;远动规约:101 规约、104 规约、CDT 规约、SCI1801 规约;保护规约:103 规约、61850 规约、LFP 规约;电度表规约:IEC102 规约、部颁电度表规约;智能设备互连规约:Modbus 规约、CDT 规约、企业自定义规约。

二、Modbus 规约

Modbus 规约在智能设备(如智能电力仪表)互联中应用非常广泛。Modbus 是由 Modicon(现为施耐德电气公司的一个品牌)在 1979 年发明的,是全球第一个真正用于工业现场的总线协议。特别要指出的是,Modbus 与 RS232 是两个不同的概念,前者是通信规约(协议),后者是物理接口。

1. 协议简介

Modbus 协议是应用于电子控制器上的一种通用语言。通过此协议,控制器相互之间、控制器经由网络(如以太网)和其他设备之间可以通信。它已经成为一通用工业标准。有了它,不同厂商生产的控制设备可以连成工业网络,进行集中监控。

此协议定义了一个控制器能认识使用的消息结构,而不管它们是经过何种网络进行通信的。它描述了控制器请求访问其他设备的过程、如何回应来自其他设备的请求以及怎样侦测错误并记录。它制定了消息域格局和内容的公共格式。

当在一 Modbus 网络上通信时,此协议决定了每个控制器需要知道它们的设备地址,识别按地址发来的消息,决定要产生何种行动。如果需要回应,控制器将生成反馈信息并用 Modbus 协议发出。在其他网络上,包含了 Modbus 协议的消息转换为在此网络上使用的帧或包结构。这种转换扩展了根据具体的网络解决节地址、路由路径及错误检测的方法。

(1)在 Modbus 网络上传输

标准的 Modbus 口是使用一 RS232C 兼容串行接口,它定义了连接口的针脚、电缆、信号位、传输波特率、奇偶校验。控制器能直接或经由 Modem 组网。

控制器通信使用主—从技术,即仅一设备(主设备)能初始化传输(查询),其他设备(从设备)根据主设备查询提供的数据作出相应反应。典型的主设备是主机和可编程仪表;典型的从设备是可编程控制器。

主设备可单独和从设备通信,也能以广播方式和所有从设备通信。如果单独通信,从设备返回一消息作为回应,如果是以广播方式查询的,则不作任何回应。Modbus协议建立了主设备查询的格式:设备(或广播)地址、功能代码、所有要发送的数据、一错误检测域。

从设备回应消息由Modbus协议构成,包括确认要行动的域、任何要返回的数据和一错误检测域。如果在消息接收过程中发生一错误,或从设备不能执行其命令,从设备将建立一错误消息并把它作为回应发送出去。

(2)在其他类型网络上传输

在其他网络上,控制器使用对等技术通信,故任何控制器都能初始化和其他控制器的通信。这样在单独的通信过程中,控制器既可作为主设备也可作为从设备,而且提供的多个内部通道可允许同时发生的传输进程。

在消息位,Modbus协议仍提供了主—从原则,尽管网络通信方法是"对等"。如果一控制器发送一消息,它只是作为主设备,并期望从从设备得到回应。同样,当控制器接收到一消息,它将建立一从设备回应格式并返回给发送的控制器。

2.查询—回应周期

(1)查询。查询消息中的功能代码告之被选中的从设备要执行何种功能。数据段包含了从设备要执行功能的任何附加信息。例如,功能代码03是要求从设备读保持寄存器并返回它们的内容。数据段必须包含要告之从设备的信息:从何寄存器开始读及要读的寄存器数量。错误检测域为从设备提供了一种验证消息内容是否正确的方法。

(2)回应。如果从设备产生一正常的回应,在回应消息中的功能代码是在查询消息中的功能代码的回应。数据段包括了从设备收集的数据:例如寄存器值或状态。如果有错误发生,功能代码将被修改以用于指出回应消息是错误的,同时数据段包含了描述此错误信息的代码。错误检测域允许主设备确认消息内容是否可用。

3.传输方式

控制器能设置为两种传输模式(ASCⅡ或RTU)中的任何一种在标准的Modbus网络通信。用户选择想要的模式,包括串口通信参数(波特率、校验方式等),在配置每个控制器的时候,在一个Modbus网络上的所有设备都必须选择相同的传输模式和串口参数。

(1)ASCⅡ模式

地址,功能代码,数据数量,数据1,…,数据n,LRC高字节,LRC低字节,回车,换行。

当控制器设为在Modbus网络上以ASCⅡ(美国标准信息交换代码)模式通信,在消息中的每个8Bit字节都作为两个ASCⅡ字符发送。这种方式的主要优点是字符发送的时间间隔可达到1秒而不产生错误。

代码系统:十六进制,ASCⅡ字符0…9,A…F;消息中的每个ASCⅡ字符都由一个十六进制字符组成。

每个字节的位:1个起始位;7个数据位,最小的有效位先发送;1个奇偶校验位,无校验则无;1个停止位(有校验时),2个Bit(无校验时)。

错误检测域:LRC(纵向冗长检测)。

(2)RTU 模式

地址,功能代码,数据数量,数据 1,…,数据 n,CRC 高字节,CRC 低字节。

所选的 ASCⅡ或 RTU 方式仅适用于标准的 Modbus 网络,它定义了在这些网络上连续传输的消息段的每一位,以及决定怎样将信息打包成消息域和如何解码。

在其他网络上(如 MAP 和 Modbus Plus)Modbus 消息被转成与串行传输无关的帧。

当控制器设为在 Modbus 网络上以 RTU(远程终端单元)模式通信,在消息中的每个 8Bit 字节包含两个 4Bit 的十六进制字符。这种方式的主要优点是:在同样的波特率下,可比 ASCⅡ方式传送更多的数据。

代码系统:8 位二进制,十六进制数 0…9,A…F;消息中的每个 8 位域都由一或两个十六进制字符组成。

每个字节的位:1 个起始位;8 个数据位,最小的有效位先发送;1 个奇偶校验位,无校验则无;1 个停止位(有校验时),2 个 Bit(无校验时)。

错误检测域:CRC(循环冗长检测)。

4.Modbus 消息帧

两种传输模式中(ASCⅡ或 RTU),传输设备以将 Modbus 消息转为有起点和终点的帧,这就允许接收的设备在消息起始处开始工作,读地址分配信息,判断哪一个设备被选中(广播方式则传给所有设备),判断何时信息已完成。部分的消息也能侦测到错误并且能设置为返回结果。

(1)ASCⅡ帧

使用 ASCⅡ模式,消息以冒号(:)字符(ASCⅡ码 3AH)开始,以回车换行符结束(ASCⅡ码 0DH,0AH)。

其他域可以使用的传输字符是十六进制的 0…9,A…F。网络上的设备不断侦测":"字符,当有一个冒号接收到时,每个设备都解码下个域(地址域)来判断是否发给自己的。

消息中字符间发送的时间间隔最长不能超过 1 秒,否则接收的设备将认为传输错误。一个典型消息帧如下所示:

起始位,设备地址,功能代码,数据,LRC 校验,结束符。

1 个字符,2 个字符,2 个字符,n 个字符,2 个字符,2 个字符。

(2)RTU 帧

使用 RTU 模式,消息发送至少要以 3.5 个字符时间的停顿间隔开始。传输的第一个域是设备地址,可以使用的传输字符是十六进制的 0…9,A…F。网络设备不断侦测网络总线,包括停顿间隔时间内。当第一个域(地址域)接收到,每个设备都进行解码以判断是否是发给自己的。在最后一个传输字符之后,一个至少 3.5 个字符时间的停顿标定了消息的结束。一个新的消息可在此停顿后开始。

整个消息帧必须作为一连续的流转输。如果在帧完成之前有超过 1.5 个字符时间的停顿时间,接收设备将刷新不完整的消息并假定下一字节是一个新消息的地址域。同样地,如果一个新消息在小于 3.5 个字符时间内接着前个消息开始,接收的设备将认为它是前一消息的延续。这将导致一个错误,因为在最后的 CRC 域的值不可能是正确的。一典型的消息帧如下所示：

起始位，　　　设备地址，功能代码，数据，　　　CRC 校验，　结束符

T1—T2—T3—T4,8Bit，　8Bit，　n 个 8Bit,16Bit，　T1—T2—T3—T4

（3）地址域

消息帧的地址域包含两个字符（ASCⅡ）或 8Bit（RTU）。可能的从设备地址是 0…247（十进制）。单个设备的地址范围是 1…247。主设备通过将要联络的从设备的地址放入消息中的地址域来选通从设备。当从设备发送回应消息时，它把自己的地址放入回应的地址域中，以便主设备知道是哪一个设备作出了回应。

地址 0 是用作广播地址，以使所有的从设备都能认识。当 Modbus 协议用于更高水准的网络，广播可能不允许或以其他方式代替。

（4）处理功能域

消息帧中的功能代码域包含了两个字符（ASCⅡ）或 8Bits（RTU）。可能的代码范围是十进制的 1,…,255。当然，有些代码是适用于所有控制器，有些是应用于某种控制器，还有些保留以备后用。

当消息从主设备发往从设备时，功能代码域将告之从设备需要执行哪些行为。例如去读取输入的开关状态，读一组寄存器的数据内容，读从设备的诊断状态，允许调入、记录、校验在从设备中的程序等。

当从设备回应时，它使用功能代码来指示是正常回应（无误）还是有某种错误发生（称作异议回应）。对正常回应，从设备仅回应相应的功能代码。对异议回应，从设备返回一等同于正常代码的代码，但最重要的位置为逻辑 1。

例如，一从主设备发往从设备的消息要求读一组保持寄存器，将产生如下功能代码：0 0 0 0 0 0 1 1（十六进制 03H），对正常回应，从设备仅回应同样的功能代码。对异议回应，它返回：1 0 0 0 0 0 1 1（十六进制 83H）。

除功能代码因异议错误作了修改外，从设备将一独特的代码放到回应消息的数据域中，这能告诉主设备发生了什么错误。

主设备应用程序得到异议的回应后，典型的处理过程是重发消息，或者诊断发给从设备的消息并报告给操作员。

（5）数据域

数据域是由两个十六进制数集合构成的，范围 00,…,FF。根据网络传输模式，这可以是由一对 ASCⅡ字符组成或由一 RTU 字符组成。

从主设备发给从设备消息的数据域包含附加的信息：从设备必须用于进行执行由功能代码所定义的所为。这包括了不连续的寄存器地址、要处理项的数目、域中实际数据字节数。

例如，如果主设备需要从设备读取一组保持寄存器（功能代码 03），数据域指定了起始寄存器以及要读的寄存器数量。如果主设备写一组从设备的寄存器（功能代码 10，十六进制），数据域则指明了要写的起始寄存器和寄存器数量，数据域的数据字节数，要写入的寄存器数据。

如果没有错误发生，从从设备返回的数据域包含请求的数据。如果有错误发生，此域包含一异议代码，主设备应用程序可以用来判断采取下一步行动。

在某种消息中数据域可以是不存在的(0 长度)。例如,主设备要求从设备回应通信事件记录(功能代码 0B,十六进制),从设备不需任何附加的信息。

(6)错误检测域

标准的 Modbus 网络有两种错误检测方法:奇偶校验与帧检测。奇偶校验是为了保证单个字节传输的正确性,帧检测为了保证报文帧的正确性。错误检测域的内容视所选的检测方法而定。

①ASCⅡ。当选用 ASCⅡ模式作字符帧,错误检测域包含两个 ASCⅡ字符。这是使用 LRC(纵向冗长检测)方法对消息内容计算得出的,不包括开始的冒号符及回车换行符。LRC 字符附加在回车换行符前面。

②RTU。当选用 RTU 模式作字符帧,错误检测域包含一 16Bits 值(用 2 个 8 位的字符来实现)。错误检测域的内容是通过对消息内容进行循环冗长检测方法得出的。CRC 域附加在消息的最后,添加时先是低字节然后是高字节。故 CRC 的高位字节是发送消息的最后一个字节。

(7)字符的连续传输

当消息在标准的 Modbus 系列网络传输时,每个字符或字节以如下方式发送(从左到右):最低有效位,……,最高有效位。

使用 ASCⅡ字符帧时,位的序列是:

有奇偶校验:启始位　1　2　3　4　5　6　7　奇偶位　　停止位

无奇偶校验:启始位　1　2　3　4　5　6　7　停止位　　停止位

使用 RTU 字符帧时,位的序列是:

有奇偶校验:启始位　1　2　3　4　5　6　7　8　奇偶位　停止位

无奇偶校验:启始位　1　2　3　4　5　6　7　8　停止位　停止位

5.错误检测方法

标准的 Modbus 串行网络采用两种错误检测方法。奇偶校验对每个字符都可用,帧检测(LRC 或 CRC)应用于整个消息。它们都是在消息发送前由主设备产生的,从设备在接收过程中检测每个字符和整个消息帧。

用户要给主设备配置一预先定义的超时时间间隔,这个时间间隔要足够长,以使任何从设备都能作为正常反应。如果从设备测到一传输错误,消息将不会接收,也不会向主设备作出回应。这样超时事件将触发主设备来处理错误。发往不存在的从设备的地址也会产生超时。

(1)奇偶校验

用户可以配置控制器是奇或偶校验,或无校验。这将决定每个字符中的奇偶校验位是如何设置的。

如果指定了奇或偶校验,"1"的位数将算到每个字符的位数中(ASCⅡ模式 7 个数据位,RTU 中 8 个数据位)。例如,RTU 字符帧中包含以下 8 个数据位:1 1 0 0 0 1 0 1,整个"1"的数目是 4 个。如果使用了偶校验,帧的奇偶校验位将是 0,使得整个"1"的个数仍是 4 个。如果使用了奇校验,帧的奇偶校验位将是 1,使得整个"1"的个数是 5 个。

如果没有指定奇偶校验位,传输时就没有校验位,也不进行校验检测。

（2）LRC 检测

使用 ASCⅡ 模式，消息包括了一基于 LRC 方法的错误检测域。LRC 域检测了消息域中除开始的冒号及结束的回车换行号外的内容。

LRC 域是一个包含一个 8 位二进制值的字节。LRC 值由传输设备来计算并放到消息帧中，接收设备在接收消息的过程中计算 LRC，并将它和接收到消息的 LRC 域中的值比较，如果两值不等，说明有错误。

LRC 方法是将消息中的 8Bit 的字节连续累加，丢弃了进位。

（3）CRC 检测

使用 RTU 模式，消息包括一基于 CRC 方法的错误检测域。CRC 域检测了整个消息的内容。

CRC 域是两个字节，包含一 16 位的二进制值。它由传输设备计算后加入到消息中。接收设备重新计算收到消息的 CRC，并与接收到消息的 CRC 域中的值比较，如果两值不同，说明有错误。

CRC 是先调入一值是全"1"的 16 位寄存器，然后调用一过程将消息中连续的 8 位字节各当前寄存器中的值进行处理。仅每个字符中的 8Bit 数据对 CRC 有效，起始位、停止位和奇偶校验位均无效。

CRC 产生过程中，每个 8 位字符都单独和寄存器内容相或（OR），结果向最低有效位方向移动，最高有效位以 0 填充。LSB 被提取出来检测，如果 LSB 为 1，寄存器单独和预置的值或一下，如果 LSB 为 0，则不进行。整个过程要重复 8 次。在最后一位（第 8 位）完成后，下一个 8 位字节又单独和寄存器的当前值相或。最终寄存器中的值，是消息中所有的字节都执行之后的 CRC 值。

CRC 添加到消息中时，低字节先加入，然后高字节。

6.功能码

Modbus 网络是一个工业通信系统，由带智能终端的可编程序控制器和计算机通过公用线路或局部专用线路连接而成。其系统结构既包括硬件，也包括软件。它可应用于各种数据采集和过程监控。表 8.1.3 所示是 Modbus 的功能码定义。

表 8.1.3　Modbus 功能码

功能码	名　称	作　用
01	读取线圈状态	取得一组逻辑线圈的当前状态（ON/OFF）
02	读取输入状态	取得一组开关输入的当前状态（ON/OFF）
03	读取保持寄存器	在一个或多个保持寄存器中取得当前的二进制值
04	读取输入寄存器	在一个或多个输入寄存器中取得当前的二进制值
05	强置单线圈	强置一个逻辑线圈的通断状态
06	预置单寄存器	把具体二进值装入一个保持寄存器
15	强置多线圈	强置一串连续逻辑线圈的通断
16	预置多寄存器	把具体的二进制值装入一串连续的保持寄存器

Modbus 网络只是一个主机,所有通信都由它发出。网络可支持 247 个远程从属控制器,但实际所支持的从机数要由所用通信设备决定。采用这个系统,各 PC 可以和中心主机交换信息而不影响各 PC 执行本身的控制任务。表 8.1.4 所示是 ModBus 各功能码对应的数据类型。

表 8.1.4　ModBus 功能码与数据类型对应表

代码	功能	数据类型
01	读	位
02	读	位
03	读	整型、字符型、状态字、浮点型
04	读	整型、状态字、浮点型
05	写	位
06	写	整型、字符型、状态字、浮点型
15	写	位
16	写	整型、字符型、状态字、浮点型

表 8.1.5 给出了以 RTU 方式读取整数据的例子。十六进制数 4124 表示的十进制整数为 16676,错误校验值要根据传输方式而定。

表 8.1.5　以 RTU 方式读取整数据的例子

主机请求						
地址	功能码	第一个寄存器的高位地址	第一个寄存器的低位地址	寄存器的数量的高位	寄存器的数量的底位	错误校验
01	03	00	38	00	01	XX

从机应答						
地址	功能码	字节数	数据高字节	数据低字节	错误校验	
01	03	2	41	24	XX	

通过上面的介绍,可以更加深入了解 YD-STD2202 智能电力测控仪的通信规约,YD-STD2202 的通信协议为 Modbus RTU。